엔비디아 웨이

NVIDIA
輝達之道

第一本輝達詳解！
從 AI 教父黃仁勳的登頂之路，
看全球科技投資前景

李德周 이덕주 ／著

suncolor
三采文化

各界好評

在這個 AI 主宰的時代，輝達無疑是最大的受益者和絕對霸主。本書以作者在矽谷的親身經歷為基礎，生動且深入地描繪了輝達的誕生、崛起之路，以及其未來的發展前景，提供了無與倫比的洞察，幫助人們找到開拓未來市場、引領世界的偉大企業，並提前進行投資。本書的價值不僅限於投資者，對於任何關注這個快速變革世界的人來說，都是一本不可多得的佳作。

| 南錫官（Best Income 會長／
《超級散戶的獲利模式》作者）

輝達的崛起不僅是一個商業奇蹟，更是一則技術創新與產業革命的傳奇。本書深入剖析輝達如何從半導體生態系統的顛覆者，成長為 AI 領域的巨人，並探究全球對這家公司趨之若鶩的原因。輝達的成功並非僅僅源於技術進步，更是大膽願景與持續創新的結晶。作者以獨到的眼光，解析輝達如何鑄就其無可取代的地位，以及他們將如何開拓未來的疆土。對於技術愛好者和希望深入了解未來產業的人來說，本書是必讀之作。

| 權順鎔（YouTube 科學頻道「SOD」經營者／
韓國生產技術研究院半導體與封裝材料研究員／
《半導體，下一個劇本》作者）

這段時間我寫了幾本關於美股的書，哪一天若有時間，我最想寫的就是輝達。我認識並投資輝達已近 10 年了，非常想要將這間公司的各方面內容寫下來。但由於各種情況的關係，一直拖延到現在，直到聽聞這本書即將出版的消息。我會將它推薦給正在投資輝達，以及所有對此感興趣的人。了解為什麼輝達能夠成為全球市值 1、2 名的競爭者，你會對他們更有信心。

| 張宇碩（YouTube 財經頻道「瘋狂看美股」經營者／
《盲目追隨美股》作者）

輝達的今天，建立在一系列失誤和失敗之上。本書客觀分析現今 AI 巨頭輝達的發展歷程，讓讀者感受到他們的挑戰與奮鬥、淚水與榮耀。跟隨那段艱難的過程，我們不僅能理解輝達何以成功，還能推測他們未來可能的發展方向。

| 車正勳（KAIST 控股代表／
前輝達韓國公司常務）

作者序

未來十年的 AI 核心企業

※編註：本文撰於 2024 年 10 月，部分內容可能與閱讀當下的資訊不符，請參考官方數據。

　　2024 年 7 月，《NVIDIA 輝達之道》於韓國發行，很榮幸有機會在黃仁勳執行長的家鄉臺灣出版。我在書中對輝達的展望與截至 10 月底的市場現況，並沒有太大的落差。科技產業的趨勢經常在一個月內徹底改變，很高興我對輝達的預測偏差不大。

　　輝達一度成為全球市值第一的企業，排名降到第三，現在又重回市值第一的挑戰者位置。輝達的股價已經突破前期高點，業績也相當穩健。雖然市值與蘋果仍存在差距，但輝達顯然已成為兩大巨頭之一，重回市值第一只是時間問題。

　　為什麼？首先，資料中心層面的 AI 基礎設施投資仍在持續。基於 Transformer 模型進行深度學習的演算法，已經滲透到我們生活的各個角落。微軟和賽富時（Salesforce）等公司正推出企業用的 AI 助理，可編寫程式的 AI 也已成為開發人員普遍使用的工具。Adobe 在自家的 Premiere 剪輯軟體中，增加了透過

AI 編輯影片的功能。AI 新技術不斷湧現，使用輝達 GPU 進行 AI 訓練和推論的需求也持續增長。

另一方面，與資料中心相比，邊緣設備對 AI 的需求尚不明顯。蘋果的 AI 技術（Apple Intelligence）才剛剛起步，微軟的 Copilot+ PC 也沒有顯著提升電腦的需求。目前 AI 仍主要被應用在資料中心，大型科技公司則爭相購買輝達的 Blackwell，以構建基礎設施。正如谷歌執行長桑德爾・皮蔡（Sundar Pichai）所說：「寧可過度投資，也不要投資不足。」大型科技公司正全力投入，擴大基礎設施。

對輝達 GPU 的需求和對 AI 基礎設施的投資，預計至少會持續到 2025 年。只要輝達在資料中心規模上繼續實現「超級摩爾定律」，基礎設施投資對於大型科技公司來說就是一個必勝策略。

輝達不僅贏在技術面，執行長黃仁勳的東亞領導風格，也發揮顯著效果。有報導指出，Blackwell 在量產前的測試中出現錯誤，因此與代工廠台積電發生衝突。這個不和傳聞，被黃仁勳的一句話巧妙化解：「Blackwell 設計有缺陷，這百分之百是輝達的錯。」成熟地展現了「大人」的姿態。台積電員工看見重要客戶的執行長親自承認錯誤時，應該有很多感觸。

輝達和台積電的聯盟非常穩固。綜觀過去，韓國經濟從未如此依賴臺灣相關的企業。三星未能向輝達供應 HBM，股價正在下跌。反觀進入輝達－台積電聯盟的 SK 海力士，則有望擊敗目前排名第一的三星，成為韓國第一大半導體企業。三星的危機，以及輝達和台積電的崛起，引發了韓國內部的諸多反思——移民

美國的臺灣人取得巨大成功，並與母國企業共同成長，被視為優秀的典範。

科技業一再進行大規模基礎設施投資，之後總有某些企業從中脫穎而出，這樣的歷史反覆上演。網際網路初期，思科作為基礎設施公司崛起，谷歌和 Meta 等公司則仰賴這些基礎設施成為大科技企業。到了行動裝置時代，蘋果和高通成為新興力量。進入雲端時代後，亞馬遜和微軟成為代表性企業。如今，在人工智慧時代，輝達率先崛起。

我並不認為輝達的股價會像當前這樣，在未來十年持續上漲。由於市場規模有限，輝達的業績很難無限增長。不過可以確定的是，輝達在未來十年仍會是 AI 時代的核心企業。最重要的是，輝達不會停滯不前，而會不斷變化和創新。

黃仁勳即將在 2025 年 1 月的國際消費電子展（CES）上發表主題演講。如今他可以說是全球科技產業的頂尖人物，我非常期待這場演講。

希望這本書，能夠幫助到還不太了解黃仁勳和輝達的臺灣讀者。由衷感謝。

「輝達」加速了未來

2024 年 3 月 18 日，美國矽谷聖荷西舉行了輝達的開發者大會「GTC 2024」。這個同時也用作表演場地的 SAP 中心座無虛席，約有一萬名觀眾到場。現場氣氛宛如一場搖滾音樂會。當身穿皮夾克的執行長黃仁勳（Jensen Huang）登上講台時，全場爆發出熱烈的歡呼聲，再次凸顯了輝達的高人氣。

黃仁勳進行了長達兩小時的主題演講，全程獨自完成，無需任何人的協助。在矽谷的各類活動中，鮮少有執行長能獨自演講兩個小時。這種表現，只有對自己公司的各個層面都瞭若指掌的人才能辦到。

AI 正在引發巨大的產業變革，從使這一切成為可能的輝達GPU 的具體應用實例，到 GTC 上的精彩演講，黃仁勳都清晰地展示了引領科技發展的企業是誰。這樣的場景彷彿在說：輝達往前踏出的每一步，都在整個科技產業留下了深遠的印記。

從無名挑戰者到
重塑電腦未來的巨擘

幾十年前,輝達還只是一家製作遊戲用顯示卡的公司,僅受到遊戲業界和電腦愛好者的關注。2000 年代初期,誰會留意到那個在首爾龍山電子商街四處奔走,親自觀察 GeForce 顯示卡市場反應的男人?

鮮少有人預測到,他今天會成為擁有 1000 億美元(約 3 兆台幣,145 兆韓元)資產、甚至挑戰華倫·巴菲特地位的世界級富豪。更沒有人預料到,這家製作遊戲顯示卡的公司,將來會成為全球市值第一、企業價值達 3 兆美元的世界頂尖半導體公司。就連黃仁勳本人也未曾料想到這一切。

回顧 16 年前的 2008 年,黃仁勳在首爾大學的一場特別講座上曾這樣說道:「輝達的 CUDA(輝達專屬的運算平台與程式設計模型)所開發的程序和 GPU 將把個人電腦變成超級電腦。CUDA 和 GPU 將重塑電腦的未來。」

當時在那個場合認真聽他說話的人有多少,我是不知道,但他的預言如今已成為現實。今天,我們使用的個人電腦竟能夠像人一樣對話,解決各種問題,甚至自動生成圖片和影片。自從個人電腦概念誕生以來,人們夢寐以求、曾經只在科幻電影中出現的場景,如今已在現實中實現。

這一切的實現要歸功於像谷歌、亞馬遜、微軟這樣的雲端服務巨頭及其龐大的資料中心,以及這些中心內的超級計算機。表面上看,這些科技巨頭似乎應該獨攬所有榮耀,但事實並非如

此。讓這些超級計算機得以運行，驅動 AI 深度學習的真正主角另有其人——那就是輝達的 GPU。正是因為這些 GPU 的存在，我們才能如此便利地使用各種 AI 服務。正如黃仁勳所預言的，CUDA 和 GPU 正在重塑電腦的未來。

「AI 產業」
成就了輝達

隨著輝達的崛起，全球知名的晶片製造商們的命運也隨之改變。傳統的 CPU 巨頭英特爾如今已經搖搖欲墜，幾乎動搖到公司根基；而市值幾度被超越的谷歌、亞馬遜和蘋果等科技巨頭也開始自行研發 AI 晶片，努力擺脫對輝達的依賴。輝達的影響力甚至改變了韓國頂尖企業如三星和 SK 海力士的發展軌跡。

像彗星般崛起並震撼矽谷的並非一家新興的新創公司，而是成立於 1993 年、原本專注於顯示卡的企業。那麼，它是如何轉型成為 AI 產業的主宰？輝達是如何成為大型科技公司的重要夥伴，又同時讓這些公司備感威脅的呢？

這本書將全面解析輝達這家企業，以及帶領公司 30 年的靈魂人物——黃仁勳。為了正確審視這家獨特的公司，我們首先需要了解半導體產業和人工智慧產業的技術變革，與目前的發展狀況。這個過程雖然複雜且變化迅速，但我們可以通過輝達公司的技術實力、未來發展方向，以及輝達與其他公司的關係，來作逐步的剖析。

首先，在第一部分中，我們將探討輝達在當前 AI 產業中的

領先地位，以及它如何在短短 30 年內迅速崛起並成為行業翹楚，分析他們如何超越競爭對手並改變產業格局。此外，還要了解全球大型科技公司為何都渴望與輝達合作，以及基於卓越的技術優勢和平台效應，輝達如何打造出強大的經濟護城河。

第二部分將描述輝達的誕生與成長，以及它如何從一家顯示卡公司轉型為 AI 公司的戰略轉變過程。輝達曾面臨僅剩 30 天生存期的危機，卻以創新和戰略調整，最終成為科技業的超級明星。我們將了解他們通過開拓前人未至之路，成為新工業革命先驅的發展歷程。

在第三部分中，我們將討論推動輝達快速增長的資料中心業務，以及他們目前正在開拓的新市場。以 ChatGPT 為代表的「生成式 AI」已成為定義我們這個時代的關鍵技術。而輝達最新推出的 Blackwell GPU，正將生成式 AI 的能力推向新的高峰。

此外，輝達正將其 GPU 技術平台擴展至資料中心以外的領域，包括機器人、自動駕駛汽車、元宇宙和生物科技等多個產業，不斷擴大其影響力。通過提供優化的 AI 推論加速方案和 GPU 雲端服務，輝達不僅鞏固了其硬體製造商的地位，更轉型成為全方位的「AI 解決方案提供者」。我們將會探討那些正在利用輝達技術實現創新的企業和研究者們的願景。

第四部分將聚焦於自公司創立，超過 30 年來一直擔任執行長的黃仁勳，以及他個人獨特的領導風格，和輝達特殊的組織文化。正如所有成功的企業都有一位具有遠見的領導者，以及協助實現公司願景的優秀團隊和企業文化，輝達也不例外。就像總是穿著黑色高領毛衣和牛仔褲的史蒂夫・賈伯斯一樣，黃仁勳以其

標誌性的黑色皮夾克和開放、平等的領導風格而聞名。我們將探討他每年參與超過 20 次企業活動，進行主題演講並直接與客戶溝通的領導方式有何特別之處，以及了解在這家引領創新的公司中，有哪些傑出人才在推動其發展。

最後，在第五部分中，我們將探討輝達能否持續保持其目前的市場主導地位，以及應該關注哪些高喊「擺脫對輝達依賴」的科技巨頭和新興企業。這些公司中包括積極追趕的「四大」科技公司，以及一些潛力巨大的新創企業。我們將分析輝達是否能夠維持其現有的市場占有率，繼續鞏固其無可取代的地位。同時，我們也會聽取國內外投資專家的意見，深入探討輝達的長期投資價值和潛在風險。

輝達能成為 AI 半導體戰爭的最終勝利者嗎？

1993 年，三位滿懷熱情的工程師攜手創立了輝達，以製作圖形處理器為初衷開啟了這段非凡旅程。30 年後，這個願景經過時代的洗禮，成功迎來了嶄新的局面。數十年來，輝達始終專注於晶片開發，並在 CUDA 生態系統上投入了大量心血，這一戰略如今終於展現出其無比強大的力量。現在，作為世界上最有價值的企業之一，輝達正在構思並實現他們用自主研發的強大 GPU 打造超級電腦的宏偉藍圖。

然而，這樣迅猛的發展能否持續？谷歌、微軟、蘋果、AMD、英特爾、Arm、高通、三星、特斯拉等既是客戶又是競

爭對手的科技巨頭們的追趕，將如何改變輝達主導的產業格局？
在當前如熔爐般激烈的「半導體戰爭」中，哪家公司最終會脫穎
而出？現在，讓我們深入這個充滿動態與戲劇性的企業傳奇，一
探究竟。

| 目錄 |

PART 1

半導體生態系的破壞者

PART 2

輝達如何從新創
變成 AI 巨人

PART 3

是什麼讓輝達
無可取代？

PART 4

不忘初心的
輝達文化

PART 5

晶片之戰下的輝達，
前景如何？

nVIDIA
WAY

PART 1

半導體生態系的
破壞者

「有人說軟體正在吞噬世界。
現在，AI 將會吞噬軟體。」

黃仁勳

靠 GPU 登上市值
第一的「小」公司

2024 年 6 月 18 日，科技業迎來了一個深具象徵意義的歷史事件！輝達的市值一度突破 3 兆 3,400 億美元（超過 100 兆新台幣），登上全球企業市值排名中的第一名寶座。回首十年前，這家公司還只是生產遊戲用顯示卡的小公司，如今它不僅是全球市值最高的企業之一，更是半導體產業鏈中市值最高的霸主。

然而，如果細看輝達的體量，你可能會大吃一驚。其他科技業龍頭，例如微軟，在 2023 年的營收達到 2,219 億美元，營業利潤高達 885 億美元，在全球擁有約 22 萬名員工。而蘋果的 2023 年營收達到 3,832 億美元，營業利潤超過 1,143 億美元，也約擁有 16 萬名員工。

相比之下，輝達 2024 財年營收 609 億美元，年增 126%，經

圖 1-1 ｜ 輝達股價圖

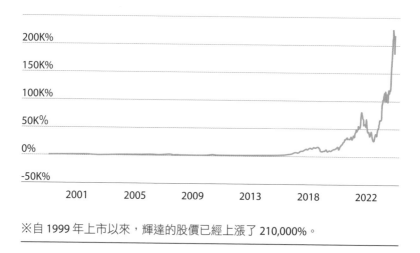

※自 1999 年上市以來，輝達的股價已經上漲了 210,000%。

調整純利為 323 億美元，規模約為前兩家企業的四分之一到五分之一，員工數量約為 3 萬名，遠少於前兩家企業。

輝達的業務結構非常簡單，他們設計晶片，並且開發支援軟體。輝達面向普通消費者的產品有限，集中在針對遊戲玩家的顯示卡。主要的客戶還是資料中心提供商、遊戲開發商、自駕車製造商，與圖形專業類型的客戶。由於輝達是「無晶圓廠」（Fabless，或稱為無廠半導體）公司，這意味著他們只專注於設計和開發，而不直接參與製造。這與微軟這類具有許多硬體設施的公司不同，輝達沒有太多的有形資產。

輝達的企業價值達 3 兆美元，即使將韓國 KOSPI[1] 和

1　韓國 KOSPI 是韓國主要的股票市場指數，反映了韓國股票市場的整體表

KOSDAQ[2]上市公司的市值全部加總，也不及輝達一家公司。用更簡單的方式來說，截至 2024 年 2 月底，三星的市值為 3,780 億美元。而輝達一家，就等於八家三星這種從家電產品到手機、記憶體、邏輯半導體都生產的公司。

股票市值連帶影響了黃仁勳的資產，他持有輝達約 3.8% 的股份，其價值曾在單日就上漲超過百億美元，總資產超過千億美元。比他更有錢的富豪則有：特斯拉（Tesla）執行長伊隆・馬斯克（Elon Musk）、亞馬遜（Amazon）創辦人傑夫・貝佐斯

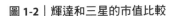

圖 1-2｜輝達和三星的市值比較

── 輝達 2.62 兆美元　　── 三星 3779.9 億美元

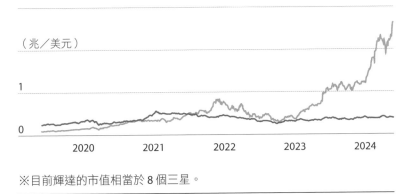

（兆／美元）

1

0

　2020　　　2021　　　2022　　　2023　　　2024

※目前輝達的市值相當於 8 個三星。

現，三星、現代汽車、SK 海力士等韓國大型企業都是 KOSPI 的重要成分股。
2 KOSDAQ 是韓國另一個重要的股票市場指數，與 KOSPI 相比，上市公司通常規模較小，但增長潛力大，風險也相對高。科技、生技、遊戲、娛樂等新興產業在 KOSDAQ 中占有較大比重。

（Jeff Bezos）、Meta 創辦人馬克・祖克柏（Mark Zuckerberg）等科技業巨頭，或者像法國的阿爾諾家族（LVMH 集團）、沃爾瑪（Walmart）創辦人家族等。可以說，現今東亞出身的人中，最富有的就是黃仁勳。

輝達如何開啟 AI 革命之路？

想了解輝達如何在微軟等科技巨頭之後，躍升成為世界頂尖企業？答案當然就是：AI（Artificial Intelligence）：「人工智慧」。為什麼？因為輝達專注於 AI 學習中最關鍵的硬體元件──GPU（Graphics Processing Unit，圖形處理器），以及專用 AI 晶片的研發與設計。

我們一提到「人工智慧」，也就是 AI 時，通常會想像成像人一樣會說話、會思考的「機器人」。但是實際上在產業現場所談論的「AI」，更像是一種超級厲害的電腦程式，能完成過去只有人類才能做到的任務。比如：用人類語言溝通交流、畫畫，或是看圖片並理解內容。

有趣的是，AI 這個概念其實很「老派」──自從電腦發明以來，科學家們就一直在討論這個議題。至於我們目前所稱的AI 技術，其實更接近於 AI 的子領域──「深度學習」。

深度學習的基本原理，是指以電腦軟體模仿人類大腦的神經網絡，並且不斷對其進行訓練。在深度學習出現之前，AI 的行為是由人類編碼進行的，例如人問 A 的時候，AI 回答 B，所有

的情況都需由人類一一定義。但是深度學習則是利用大量數據，來讓 AI 自行學習，因此人類要做的，是準備大量的數據，並提供 AI 訓練所需的強大計算機。

那麼，AI 訓練是如何進行的呢？簡單來說，就是不斷進行運算，數量可能高達幾百億次。由於次數多得驚人，因此需要性能非常優越的電腦。而在這些高性能的電腦內部，就使用了輝達的 GPU。

我們的智慧型手機使用的是 AP（Application Processor），其中包含了 CPU 和 GPU。CPU 和 GPU 最大的區別，在於數據處理的方式。CPU 是順序處理（Sequential Processing），即按照事情進來的順序一個一個處理，而 GPU 是並行處理（Parallel Processing），即同時處理多件事情（圖 1-3）。聽到這樣的解

圖1-3｜順序處理與並行處理

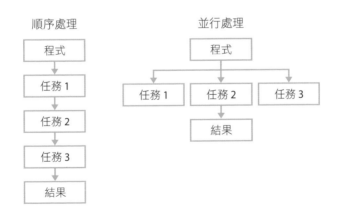

順序處理

程式 → 任務 1 → 任務 2 → 任務 3 → 結果

並行處理

程式 → 任務 1、任務 2、任務 3 → 結果

釋，可能會認為同時處理多件事情比較好，但在進行複雜計算時，其實仍以 CPU，也就是「順序處理」的速度會較快。

既然如此，為什麼 AI 要使用 GPU 呢？這是因為深度學習的特殊性。由於深度學習需要進行大量的簡單運算，與其依次進行，不如同時進行，這樣 AI 才能更快速地學習成長。

由於 AI 通過大量的數據和運算來「理解」世界，因此 GPU 也被用來快速處理這些巨量資訊。以 GPU 完成深度學習的 AI 會產生「模型」，之後當我們輸入（input）數據時，模型就會輸出（output）結果。由於 AI 是自我學習的，所以我們通常不知道它通過了什麼具體過程而得出結果。然而，這個模型卻具有與人類相當，或甚至超越人類的能力。在已經創建的 AI 模型中輸入某些值，並獲得結果的過程被稱為「推論」（inference）。

我們向 ChatGPT 這樣的人工智慧提出任何問題，它會給出答案；ChatGPT 也會「讀圖」，並解釋圖像或圖表的意義，這就是典型的推論過程。如果說學習是從某個方程式中獲得常數值，那麼推論則是當輸入 x 值時，計算出 y 值的「過程」。當然，這類並行運算必須快速進行，才能迅速得出答案。

我們在日常生活中無數次使用的電腦、智慧型手機等，都是由各種電子元件組成的，其中最重要的就是像 CPU 和 GPU 的處理器。由於這些核心部件的製造涉及尖端的技術和複雜的工藝，只有少數專業公司能夠生產，造價自然也很昂貴。

輝達的 GPU 確實是當前深度學習和 AI 基礎設施的重要組成部分。隨著 AI 應用的增加，對輝達產品的需求也隨之上升，這種趨勢可以說是必然的。繼開啟網際網路時代的微軟之後，若說

輝達在開啟 AI 時代的過程中扮演了至關重要的關鍵角色，相信很少人會反對。

為什麼三星
無法成為輝達？

我們最熟悉的半導體企業之一是代表韓國的三星。那麼，三星和輝達有什麼不同呢？為什麼三星沒辦法成為輝達？要探討這個話題，我們需要先了解一些半導體的基本概念。

半導體產品可分為邏輯半導體、記憶體半導體以及 DAO 半導體。三星和 SK 海力士在記憶體半導體領域分別占據全球第一和第二的位置。用來儲存數據的 DRAM（動態隨機存取記憶體）、SRAM（靜態隨機存取記憶體）和快閃記憶體等，都屬於記憶體半導體。DRAM 是一種在供電的情況下仍需定期刷新才能保持資料的元件，而 SRAM 則只要有供電就能持續保持資料，至於快閃記憶體即使沒有供電也能保持資料。

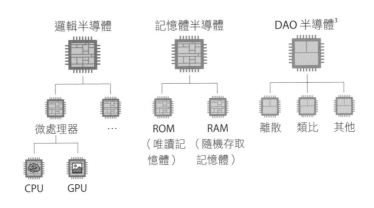

圖1-4｜半導體的種類

邏輯半導體　　　記憶體半導體　　　DAO 半導體[3]

微處理器　…　　ROM　　RAM　　離散　類比　其他
　　　　　　　（唯讀記　（隨機存取
　　　　　　　　憶體）　　記憶體）

CPU　GPU

　　負責控制和發出指令的半導體主要是邏輯半導體。顧名思
義，邏輯半導體的主要角色是處理（計算）邏輯，同時也可能包
含小規模的資料儲存功能。處理器如 CPU 和 GPU 是複雜邏輯半
導體的典型例子，輝達、英特爾、高通、聯發科等都是生產邏輯
半導體的代表性企業，而三星、蘋果、亞馬遜、谷歌也都自行設
計邏輯半導體。

　　DAO 半導體並不指一種特定的半導體，而是「離散／分離
（Discrete）半導體」、「類比（Analog）半導體」，以及「其
他（Others）半導體」的合稱。離散半導體指的是像電晶體或二
極體這類執行單一或有限功能的個別半導體元件。這些元件通常

3　DAO 是離散、類比、其他的縮寫（Discrete, Analog, and Other），也就
　是：離散半導體、類比半導體以及其他特定應用半導體。

相對簡單、成本較低，並且可以獨立使用或與其他元件組合以實現特定功能。雖然人們談到「半導體」時，常聯想到 CPU 或記憶體等複雜的元件。但其實離散半導體廣泛應用於各種日常電子產品中，從微波爐到冷氣空調等，都會使用到。

類比半導體則主要用於處理連續變化的類比信號，能夠將類比信號轉換成數位信號。這類半導體包括：類比數位轉換器（ADC）、數位類比轉換器（DAC）、運算放大器、電源管理 IC 等。美國企業德州儀器（Texas Instruments）、亞德諾半導體（Analog Devices）、恩智浦半導體（NXP Semiconductors）等是代表性的類比半導體企業。

「其他」則是指「不屬於」離散或類比半導體的其他類型半導體，主要包括光電子元件（如 LED、雷射二極體）和感測器（如影像感測器、溫度感測器）等。其中，索尼（Sony）在全球排名第一的影像感測器，便是典型的其他半導體之一。

半導體設計和製造的分流

大致來看，韓國在記憶體半導體市場，美國在邏輯半導體市場，日本和歐洲在類比半導體市場占有較高的市占率。近年來，半導體行業最顯著的趨勢之一是半導體設計和製造的分流。

在半導體製程上，主要可分成 IC（積體電路）設計、晶圓製程（Wafer Fabrication，簡稱 Wafer Fab）、晶圓測試（Wafer Probe），及晶圓封裝（Packaging）等。過去，設計半導體的公

司通常也會自行製造所需的半導體。然而，1980 年代末，隨著專業半導體代工公司「台積電」的出現，設計和製造開始分流。台積電是「台灣積體電路製造公司」（Taiwan Semiconductor Manufacturing Company）的縮寫，是世界上最大的獨立半導體代工廠。台積電根據客戶的設計來製造晶片、提供光罩（或稱光罩版）製作等服務，今日的它已經超越三星和英特爾，成為全球主要半導體設計公司最信賴的合作夥伴。

現在除了三星和英特爾之外，大多數公司都沒有自己的製造設施。僅進行設計而不擁有工廠的半導體公司被稱為「無廠半導體公司（fabless）」，而專門接受委託製造的公司則被稱為「晶圓代工廠（foundry）」。半導體設計和製造分流的主要原因，在於建立半導體製造設施需要耗費很長的時間，以及龐大的資本

圖 1-5｜世界最大的晶圓代工公司：台積電（TSMC）

來源：TSMC

投資。隨著晶圓代工廠的出現，無廠半導體公司可以更專注於設計。此外，隨著半導體技術的不斷發展，製造高性能半導體變得越來越困難，技術難度的提升也使得專注於製造的晶圓代工廠顯得更加重要。

製造和設計的分流，使得原本不生產半導體的大型科技公司也能設計自己的晶片，並交由代工廠生產。這些公司不再只能使用英特爾、高通、聯發科等半導體公司的產品，而是開始使用自己的晶片。開啟這種「晶片自主」趨勢的典型代表就是蘋果。

蘋果直接設計用於 iPhone、MacBook 和 iPad 的晶片，並委託台積電生產。專門從事代工製造的台積電除了蘋果之外，還為輝達、高通等世界頂尖的半導體公司，生產最先進的晶片。

然而，記憶體半導體產業並未實現設計和製造的分流。這是因為記憶體晶片與邏輯晶片不同，不需要在單一晶片上集成大量不同類型的電路元件，也不要求非常複雜的設計技術。對記憶體半導體而言，更重要的是能夠以低成本且穩定地大量生產。

讓我們回到最初提出的問題：三星和輝達有什麼不同？答案很簡單：三星擅長的半導體和輝達擅長的半導體種類不同。

三星擅長製造記憶體半導體，而輝達擅長設計邏輯半導體中的 GPU。由於這兩種產品的性質大不相同，因此很難輕易追趕對方的競爭優勢。

在某種意義上，三星可說是一家非常特殊的公司。它不僅製造記憶體半導體，也製造邏輯半導體（如智慧型手機的處理器 Exyons），並且自行生產。此外，三星還接受其他公司的訂單，在其晶圓代工廠進行代工生產。然而，業務如此多元的三星，因

圖1-6｜三星的邏輯半導體 Exynos

來源：三星

為其重心大多放在記憶體半導體上，因此最近公司的表現並不理想。自從 ChatGPT 出現後，能夠進行大規模且快速運算的晶片（如 GPU），其重要性和需求量激增。在這種情況下，要追趕目前占據 GPU 市場近 90% 的輝達並不容易。更何況，這些產品的生產幾乎由三星的強力競爭對手——台積電負責。

韓國除了三星之外，還有另一個強大的半導體企業。它就是隨著輝達的崛起而一同飛躍的 SK 海力士（SK Hynix）。

SK 海力士與三星的
命運交叉

　　2024 年夏天，最受歡迎的韓國半導體公司是哪家呢？很多人可能會說是三星，但事實上，SK 海力士的表現更出色。從股價就能看出，2024 年 6 月為止，SK 海力士今年的股價已經上漲了 35%。以一年為基準，漲幅達到 77%。相比之下，三星在 2024 年 6 月為止，今年以來股價下跌了 5%。以一年為基準，僅上漲了 5%。

　　投資人轉向擁抱 SK 海力士，一直處於第二名的 SK 海力士是怎麼超越三星的呢？這裡又要提到輝達了。因為答案正是由於 SK 海力士向輝達供應了「HBM」。

隨著輝達飛躍的海力士

HBM 是「High Bandwidth Memory，高頻寬記憶體」的縮寫，是一種 DRAM。這種記憶體以層狀堆疊來提高數據處理速度。顧名思義，其頻寬較大，可儲存的數據量也較多。

人工智慧的深度學習，是依賴於 GPU 對大規模的數據進行複雜計算的過程。隨著半導體技術的進步，GPU 的「運算速度」也在提升。而其發展瓶頸，就是記憶體的存取速度。在運算的時候，GPU 需要頻繁地從記憶體讀取數據來進行運算，但「從記憶體取出數據」的速度增長卻相對較慢。這就像連接城市的高速公路車道較少（頻寬較低），導致汽車在路上堵塞一樣。

圖 1-7│GPU 旁邊的 HBM

來源：AMD

特別是近年來，深度學習模型，尤其是基於 Transformer 架構的大型語言模型（Large Language Model，簡稱 LLM），正經歷著指數級增長。這種增長主要體現在模型參數數量的急劇擴張上。以 OpenAI 開發的 GPT（Generative Pre-trained Transformer）系列模型為例：

- GPT-1（2018 年）：約 1.17 億個參數
- GPT-2（2019 年）：約 15 億個參數
- GPT-3（2020 年）：約 1,750 億個參數
- GPT-4（2023 年）：確切參數數量未公開，但估計可能達到或超過 1 兆個參數

隨著數據規模的急劇增加，傳統記憶體技術也有必要加以提升，而 HBM 便應運而生。HBM 採用 3D 堆疊技術，將多層 DRAM 晶片垂直堆疊，大幅提高了記憶體的頻寬和密度。HBM 是於 2013 年由 SK 海力士首次開發，但據了解，三星也是在相近時期開發出類似技術。從 2015 年起，兩家公司開始向輝達供應 HBM，並且在 2016 年推出的輝達 P100 Tesla GPU 加速器中首次採用 HBM2 技術。HBM 的應用主要集中在需要高效能運算（High Performance Computing，簡稱 HPC）的領域，如：AI 和機器學習、超級電腦、高端圖形處理與大數據分析等。

2016 年 AlphaGo 戰勝人類棋手的事件確實成為了公眾關注的焦點，它不僅展示了 AI 的潛力，還揭示了強化學習型 AI 對高性能 GPU 的依賴。然而，AlphaGo 事件並沒有立即引發市場對高性能 GPU 和 HBM 的爆炸性需求。因為當時對高性能算力的需求，還沒有大到需要用 HBM 來解決數據瓶頸問題的程度。

圖 1-8｜與 AI 模型大小相比，GPU 記憶體增長相對緩慢

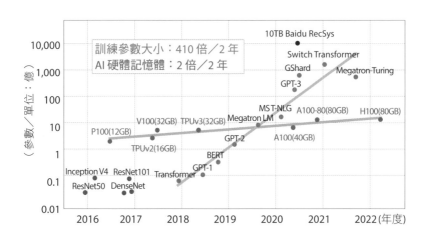

但是，在 2022 年 11 月出現的 ChatGPT 徹底改變了此一趨勢。ChatGPT 等 LLM 成為 AI 開發的新主流，LLM 的訓練和推理過程需要大量的並行運算能力。這導致市場對 GPU 的需求出現爆炸性的增長；HBM 的重要性自然也隨之上升。

SK 海力士和三星的命運在這裡發生轉折，是因為輝達 AI 資料中心裡，其 GPU 產品（如 A100 和 H100）採用了 SK 海力士的 HBM。三星雖然也開發了 HBM，但在 ChatGPT 改變市場格局之前，並未積極投入。據了解，三星可能是因為內部判斷 AI 市場規模有限，因此並未積極投入 HBM 的研發。反觀 SK 海力士則長期維持與輝達的密切合作關係，持續為輝達的每一代新產品提供。當輝達的銷售額開始飆升時，SK 海力士也隨之騰飛。預計到 2024 年，HBM 在 SK 海力士整體 DRAM 銷售額中的占

比將上升到約 20%。此外，全球 DRAM 市場中，HBM 的銷售額預計也將從 2023 年的 8% 增加到 2024 年的 21%。

對三星來說，現在的情況可說是面臨了燃眉之急的處境。更何況輝達的 HBM 第二順位供應商，是美國的美光科技。結果，三星錯失與市場上占有 90% 份額的領導者合作，被迫轉而供貨給剛剛成為挑戰者的 AMD。

半導體戰爭的第二回合，開戰！

事實上，結構複雜的 HBM，其良率並不高。據悉，SK 海力士的良率比三星高出許多。綜觀整個半導體市場，HBM 市場規模目前並不大，對於像三星這樣的巨型企業來說，HBM 市場顯得更是微不足道。

然而，現在在全球最尖端技術——AI 半導體中，HBM 扮演了重要角色，而目前引領 AI 產業的輝達所合作的企業，是 SK 海力士而非三星，這對三星來說無疑是一個重大的打擊，三星長久以來保持的「技術領導地位」似乎正在動搖。

以傳統的記憶體半導體來說，三星毫無疑問是全球第一大企業，技術也絕對領先其他公司。然而，在市場已經停滯的智慧型手機、家電產品、顯示器等領域，市場對三星的期望並不高。而在 HBM 市場上落後於 SK 海力士，對三星的投資者來說無疑是一個非常負面的干擾。沒想到輝達竟然會影響像三星和 SK 海力士這樣規模的企業。

當然，最近三星也宣布進行體質改善，以便在半導體戰爭的第二回合中獲勝。據報導，三星在 2024 年初成功開發了首款 HBM3E，並且即將向輝達供貨。究竟三星的這次反擊會對 SK 海力士和包括輝達在內的競爭對手產生多大影響，還有待觀察。

為什麼全世界
都想要輝達？

2022 年 11 月，ChatGPT 引起了全球的廣泛關注和討論，並且讓許多科技公司意識到「生成式 AI」在各行各業中蘊藏著巨大的商業潛力。大型語言模型（LLM）展現出前所未有的能力，重新激發了大眾和企業對 AI 的興趣。隨後，各大科技公司紛紛加大投資，競相開發和改進類似 ChatGPT 的 LLM 技術。

ChatGPT 引燃的科技巨頭之爭

最先感受到巨大壓力的公司是谷歌。ChatGPT 推出後，業界普遍預測這類對話式 AI 可能會改變搜尋引擎市場的格局，這讓

谷歌倍感壓力。在 OpenAI 崛起之前，谷歌一直是 AI 研發領域的領導者，但在公開展示 AI 成果方面卻相對謹慎。然而，2023 年初，當谷歌意識到 OpenAI 在某些 AI 應用領域可能已經領先時，迅速採取了行動。谷歌於 3 月發布了自家的對話式 AI 系統「Bard」，並在 4 月宣布將原本獨立的 Google Brain 和 DeepMind 兩大 AI 研究部門合併為 Google DeepMind，以整合資源、提高研發效率。

反觀除了谷歌之外的其他大型科技公司，特別是那些與 ChatGPT 並非直接競爭的企業，它們的策略和利益取向則各有不同。首先，對於投資了 OpenAI 的微軟而言，ChatGPT 的崛起無疑是一個絕佳的機遇。微軟靈活運用這一優勢，將 AI 技術廣泛融入其產品生態系統。從子公司 GitHub 提供的 AI 輔助編碼工具「GitHub Copilot」開始，微軟將「Copilot」這個概念擴展到了旗下眾多服務中。我們日常使用的 Excel、PowerPoint 等辦公軟體，包含搜尋引擎 Bing，以及 Windows 作業系統等核心產品，都嵌入了基於 GPT 技術的 AI 功能。微軟的野心甚至延伸到了硬體層面，在新款電腦鍵盤上專門增設了一個「Copilot」按鍵。

世界最大的公共雲端服務提供商：亞馬遜網路服務（Amazon Web Services，簡稱 AWS）的作法則不盡相同。作為亞馬遜的雲端業務部門，AWS 在全球擁有龐大的資料中心網絡，為客戶提供運算能力和存儲空間。AWS 敏銳地預見到，隨著 ChatGPT 等 AI 服務的普及，對雲端資源的需求將呈爆炸性增長。問題在於：雖然這類 AI 服務通常依賴像 AWS 這樣的雲端平台運作，但 OpenAI 卻將其技術獨家授權給了微軟。這意味著，

圖 1-9｜OpenAI 執行長山姆・奧特曼（左）與微軟執行長薩提亞・納德拉

來源：微軟

ChatGPT 使用量的增加，將直接推動了競爭對手微軟雲端服務 Azure 的成長。從亞馬遜的角度來看，即便客戶有意想使用 ChatGPT，AWS 也無法提供這項服務。同樣，AWS 也不可能提供來自另一競爭對手 Google 的 AI 服務。這使得 AWS 面臨著一個與 Google 不同但同樣緊迫的困境。為了應對這一挑戰，AWS 最終於 2024 年選擇以 40 億美元投資了 Anthropic——一家由前 OpenAI 成員創立的新創公司。

　　大型科技公司為何如此全力投入生成式 AI 領域？簡而言之，核心動機無疑是為了提升營收。谷歌、微軟和亞馬遜這些巨頭都經營著龐大的公共雲端服務業務。當我們使用 ChatGPT 時，實際上是在微軟的 Azure 資料中心內運行的。同樣，當使用

Google 的 AI 服務（2024 年 2 月更名為 Gemini）時，其運算過程是在谷歌雲端資料中心（GCP）進行的。換言之，像 ChatGPT 這樣的 AI 應用使用量的增加，直接意味著這些公司所運營的公共雲端服務使用量的提升。這種增長將轉化為營收和利潤的上升，形成良性循環。

為什麼他們都需要輝達的 GPU？

谷歌、微軟、亞馬遜雖然在 AI 領域各有不同的戰略和利益考量，但他們在一個關鍵點上的立場卻高度一致：對「輝達 GPU」的迫切需求。要深入理解他們為何如此渴求輝達的 GPU，我們首先需要認識當代資料中心產業的重要性，及其運作方式。

谷歌、微軟、亞馬遜、Meta 等為全球用戶提供網路服務的科技巨頭，都在運營著規模龐大的「資料中心」。對於一般大眾而言，「伺服器」這個詞可能更為熟悉，實際上它是構成資料中心的基本單元。然而，現代資料中心的規模和複雜度遠超過單一伺服器所能比擬。

在 1990～2000 年代初期，網際網路剛開始普及時，提供網路服務的公司通常會直接購買實體伺服器，或者在資料中心購買或租賃特定數量的伺服器。然而，隨著技術的進步，一種革命性的「虛擬化（Virtualization）」技術應運而生，徹底改變了伺服器資源的使用方式。

這種虛擬化技術讓運算資源如同「黏土」般具備了各種使用的彈性。它能夠根據需求，靈活地分割、整合或重新分配運算能力（包括數據運算和儲存）。舉例來說，如果一個資料中心擁有 100 單位運算能力的伺服器群，可以將其分成 10 份供 10 家公司使用。若有需要，還可以再增加 100 單位，讓某一家公司集中使用相當於 200 單位的運算能力。

虛擬化技術的發展進一步催生了公共雲端服務（Public Cloud Service）的興起。擁有大規模資料中心的企業開始將其運算資源，出租給其他企業，並根據使用量收取費用。這種模式與我們日常使用電力的方式非常相似，就像我們根據耗電量付費一樣，企業也可以根據實際使用的運算量來付費。

這為企業使用伺服器的方式帶來了革命性的變化。過去，企業如果要提供網際網路服務，必須直接購買、擁有並維護實體伺服器。他們會在自有的伺服器上儲存所有數據，而為了防止數據丟失又必須進行多重備份，此外還要提前預估，部署足夠的運算資源，才能應對可能的高峰期需求。

但是隨著雲端運算技術的發展和普及，現在這些工作大多由雲端服務提供商（Cloud Service Provider，簡稱 CSP）來承擔。這種轉變帶來了諸多優勢：例如，企業只需為實際使用的資源付費；網站流量激增時，也可以迅速調配資源，並支付相應的費用，當使用量減少時，費用也隨之降低，避免了傳統模式中的資源浪費或資源不足問題。在美國及許多先進國家，使用公共雲端服務已成為企業的主流選擇。即使是大型企業，選擇向 CSP 支付使用費的比例也越來越高，而不再自建或維護大規模資料中心。

雲端服務市場由幾家主要的科技巨頭主導，這些公司不僅是軟體領域的領導者，也是最大的雲端服務提供商。以下是幾個主要的雲端服務提供商：亞馬遜（AWS）、微軟（Azure）、谷歌（GCP）。這些雲端服務提供商大多已經擁有龐大的資料中心，畢竟他們大多是從管理自身大規模線上服務的經驗中發展而來。亞馬遜作為雲端服務提供商的鼻祖，便是一個典型例子。亞馬遜以其運營全球最大的電子商務網站所累積的基礎設施和專業知識，為其他公司提供公共雲端服務。亞馬遜取得成功後，微軟也

圖 1-10｜世界三大雲端服務提供商

雲端服務供應商	主要 AI 工具與服務
亞馬遜 AWS Amazon Web Services aws	- **亞馬遜 Bedrock**：提供多種生成式 AI 模型 API 的服務。可使用 Anthropic、Mistral、Meta LLaMA 等。 - **Amazon SageMaker**：AWS 內的機器學習服務 - **Amazon Q Developer**：為軟體開發和企業客戶提供的 AI 助手
微軟 Azure Microsoft Azure Azure	- **Copilot**：微軟 AI 助手，用於多種產品 - **365 Copilot**：應用於 Excel、Word、PowerPoint 等 - **Designer**：圖像生成 AI 服務 - **Azure AI**：通過 Azure 雲端服務，類似於 Bedrock。可使用 GPT-4o、Phi-3、Meta LLaMA 等。 - **GitHub Copilot**：協助編寫或修正程式碼
谷歌 Gep Google Cloud Platform Google Cloud	- **Gemini**：谷歌的核心 AI 模型，廣泛應用於谷歌產品線 - **Gemini Code Assist**：協助編寫程式碼 - **Gemini for Workspace**：用於 Google Docs、Gmail 等 - **Vertex AI**：提供 Gemini 模型的生成式 AI

進入了這個市場，接著谷歌也迅速發展了自家的雲端平台。

目前雲端服務已經是微軟的主要收入來源，亞馬遜的總收入中，電子商務仍占很大比重，但從營業利潤來看，則是雲端服務業務的比重較高。搜尋引擎及其相關廣告業務是谷歌的核心優勢和主要利潤來源，但即使是谷歌，也在致力於擺脫對廣告的依賴，專注於雲端服務業務的拓展。

除此之外，美國的雲端服務提供商公司，還有甲骨文（Oracle）、IBM 和 Vultr（康斯坦特 Constant 的旗下品牌）等公司。若擴展到全球範圍，像阿里巴巴、騰訊這樣的中國大公司也提供雲端服務。至於韓國，則有 Naver、Kakao 和 NHN 等公司也開始提供各種雲端服務。

可以這麼說：三大科技巨頭——微軟、亞馬遜和谷歌——現

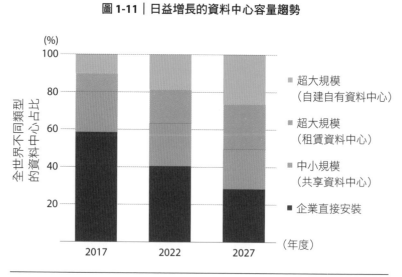

圖 1-11 ｜ 日益增長的資料中心容量趨勢

來源：Synergy Research Group

在都應該被視為「雲端服務公司」。由於他們為其他企業提供雲端服務，因此在全球擁有許多資料中心。像這樣運營大規模資料中心的公司，被稱為超大規模提供商（Hyperscaler）。

生成式 AI 被認為將帶來巨大的商機，這些超大型科技公司競相向輝達訂購 GPU。根據市場調查機構 Omdia Research 的資料，僅在 2023 年第三季度，微軟和 Meta 合計購買了約 15 萬個 H100 GPU，谷歌和亞馬遜也購買了共約 5 萬個。同樣是大型雲端服務公司的甲骨文以及中國的騰訊、百度和阿里巴巴，也是 H100 的主要買家。

GPU 短缺情況在 2023 年 8 月達到頂峰，甚至「誰獲得了多少輝達 H100，以及何時拿到」，成為矽谷最熱門的八卦話題。一些無法買到 GPU 的公司自嘲地稱呼自己是「GPU 貧民」，與那些依靠資本力量掃貨的「GPU 富翁」形成鮮明對比。

許多大型科技公司的 CEO 為了獲得 GPU 而奮力拚搏，過程中也遇到不少困難。特斯拉的執行長伊隆·馬斯克在 2023 年 9 月的業績發布會上表示：「我們大量使用了輝達的硬體。不知道輝達是否能提供足夠的 GPU。輝達現在有太多客戶了。」

那麼，輝達是如何達到如今超過 90% 市場占有率，近幾乎是壟斷的地位呢？為什麼這麼多大型科技公司搶著買輝達的 GPU？這種 GPU 短缺現象並不是壟斷，原因在於輝達擁有其他公司難以超越的軟體和平台這一強大的「護城河」。

輝達的優勢在哪裡？

「護城河」源自中世紀城堡防禦工事，通常環繞在城堡、要塞或整個城市周圍。這道寬闊、並由人工挖掘的溝渠，能有效阻止敵人直接接近城牆。延伸在現代經營管理學中，意指企業的獨特競爭優勢，也被稱為「經濟護城河」。這個詞可表達某企業在與其他企業競爭中擁有的絕對優勢因素，例如：低成本、高轉換成本、無形資產、網絡效應、規模經濟與擴張能力等。

波克夏‧海瑟威公司的執行長華倫‧巴菲特以投資具有強大經濟護城河的企業而聞名。他青睞的代表企業之一就是可口可樂，可口可樂的品牌價值構成了堅固的護城河，也使這家公司長期以來在市場中保持著領導地位。

而在 AI 市場中，輝達同樣被認為擁有其他企業難以攻略的

強大護城河。根據市場調查機構 GlobalData 的資料，輝達在 AI 加速器部門的市場占有率估計為 90%。另外，專門研究半導體的資訊公司 TechInsights 則指出，若僅考慮在資料中心用的 AI 加速器領域，輝達的市占率更高達 98%。此外，輝達在 AI 半導體市場中的營業利潤率達到約 50%，展現了強大的獲利能力。

輝達究竟是如何打造如此強大的護城河？這間公司雖然以 GPU 而聞名，但事實上，輝達真正的經濟護城河，主要來源於其軟體生態系統。這個生態系統的核心就是輝達所開發的「CUDA」。

標準一旦確立，就不易改變

CUDA 是「Compute Unified Device Architecture」的縮寫，是輝達於 2006 年發表的一項革命性技術。為了理解 CUDA，我們需要先了解軟體和硬體的基本概念：電腦裡的各種元件，都是用來讓電腦執行某些特定運算的。而要對這些元件下達指令，就需要使用所謂的「程式語言」。不論是機器語言，或是接近機器語言的組合語言（assembly language），不然就是如 C++、Python 這樣的高階語言等，都是所謂的程式語言。

程式語言最初是為了向 CPU 下達指令而編寫的。隨著技術發展，現在的程式語言可以控制各種硬體元件，當然也包括 GPU。現代軟體開發很少從零開始，開發者通常會利用已有的程式資源來提高效率和可靠性。例如使用「函式庫」，如積木般組

合特定的程式，以便執行特定任務；又或是使用「框架」，將相關的函式庫按目的組織起來，提供完整的開發環境或是整體解決方案。

　　CUDA 是一個軟體平台，集合了函式庫和框架，不僅能用於撰寫程式，也是一個完整的並行運算平台，可向 GPU 下達指令。CUDA 被應用於多種需要高性能運算的領域，包括 AI、化學、流體力學、醫療影像和天氣預測等。輝達為不同領域提供了專用的函式庫與工具，而專為深度學習模型設計的 CUDA 庫「cuDNN」，為最受矚目的 CUDA 應用之一。深度學習框架如 Meta 製作的 PyTorch 或谷歌製作的 TensorFlow 內部集成了 cuDNN，能夠讓深度學習研究者更容易透過這些框架對 GPU 進行高效控制，以便有效利用 GPU 的強大運算能力，來加速各種複雜的運算任務。

圖 1-12｜代表性的 CUDA 工具之一 TensorRT

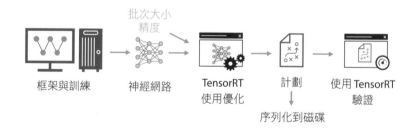

| 框架與訓練 | 神經網路 | TensorRT 使用優化 | 計劃 | 使用 TensorRT 驗證 |

批次大小 精度

序列化到磁碟

來源：輝達

對目前的使用者來說，即使市場上出現了與 GPU 性能相當的新型半導體，也很難將現有的程式遷移到這些新平台。先前為 CUDA 開發的程式可能無法在新的架構上直接運行，需要大量的修改和重寫。對開發者而言，離開熟悉的軟體生態系統，適應新的開發環境，需要大量的時間和精力，可能影響短期的生產效率。對公司而言，更換核心運算平台也可能導致嚴重的系統性風險。原有的軟體資產可能無法在新平台上正常運作，更可能引發一系列的技術問題和業務中斷。

半導體生態系統主要分為兩大類：x86 生態系統和 Arm 生態系統。x86 生態系統主要由英特爾和 AMD 製造 CPU，主要應用於個人電腦和伺服器。Arm 生態系統則廣泛應用於智慧型手機（如 iPhone 和 Galaxy）、平板電腦、嵌入式系統和物聯網設備，近年來也開始進入個人電腦和伺服器市場。由於 x86 和 Arm 擁有不同的指令集架構，硬體和軟體設計也有所不同，因此它們之間通常不具有直接的互換性。這意味著開發者需要針對不同架構進行程式優化。雖然架構轉換並非完全不可行，但這通常會帶來效能的損失和額外的複雜性。

而在 AI 的發展過程中，輝達的 GPU 因其出色的性能和軟體支援而成為主導。大多數現有的 AI 程式碼都是基於輝達的 CUDA 平台開發的，這使輝達的 GPU 成為 AI 開發的「業界標準」。這種優勢構建了一個強大的生態系統，使得其他公司即使推出性能更優秀的 GPU，也難以撼動輝達的地位。原因是：更換現有基礎設施不僅涉及硬體，還需要大規模地轉換軟體架構，這對許多公司來說風險太大。此外，輝達仍不斷推出性能更佳的

圖 1-13｜英特爾 x86 生態系統與 Arm 生態系統的比較

英特爾 x86 生態系統	Arm 生態系統
- 複雜指令集（CISC） - 主要採用 Intel、AMD 架構 - 主要使用領域：個人電腦、伺服器、資料中心 - 性能：具備高運算性能和並行處理能力 - 軟體支援：大多數軟體都已針對 x86 架構進行最佳化。Windows、macOS、Linux 等主要操作系統均支援。	- 精簡指令集（RISC） - 通過授權模式向各種半導體設計公司提供其 IP 授權 - 主要使用領域：行動裝置（智慧型手機、平板電腦）、嵌入式系統、物聯網裝置。近期在伺服器和雲端運算領域也有成長。 - 性能：低功耗與高效率 - 軟體支援：蘋果、高通、輝達等基於 Arm 授權進行設計和生產。其應用程式和軟體生態系統正在持續發展。

新產品，也進一步鞏固了其市場地位。

　　《紐約時報》在 2024 年 2 月的一篇文章中評論道：「輝達數十年的先驅性投資，使他們在半導體領域中，以其獨特的 AI 相關智財權脫穎而出。」這則評論準確捕捉了輝達的核心優勢，輝達憑藉其卓越的性能和完善的生態系統，建立了「即使昂貴也不得不使用」的市場地位。要想挑戰輝達的經濟護城河，可以說極其困難。產業格局的穩定性和高昂的轉換成本進一步鞏固了輝

達的地位。隨著尋找輝達 GPU 替代品的難度增加，輝達還會進一步強化其市場優勢。

這也是現在以及未來，我們需要持續關注輝達的原因。

nVIDIA
WAY

PART 2

輝達如何從新創
變成 AI 巨人

「在危機時期，執行長會展現出他真正的素質。
而這時（RIVA 128 上市之前），我們作為投資者和董事會成員，
　了解到黃仁勳管理危機的方式確實非常特別。」

馬克・史蒂文斯（Mark Stevens）
風險投資家、前紅杉資本合夥人、輝達董事會成員

台灣少年的美國夢

　　震撼世界的科技巨擘輝達，其創辦人黃仁勳同時也是輝達的執行長。1993 年創立輝達並成為執行長的他，自那時起就從未離開過這個職位。三十多年來，他一直為輝達公司指引願景，並且持續推動這個願景實現，至今在公司內部仍然擁有絕對的信任。此外，也贏得了股東和投資者的高度信賴。

　　在以白人男性為主流的矽谷社會中，台灣出身的移民黃仁勳顯得非常獨特。從製作遊戲用顯示卡的小型新創公司，到超越半導體巨頭英特爾，成為美國企業市值第一的輝達，其企業發展史與黃仁勳的個人歷程可以說是完全重疊的。（輝達的市值在五年前還不在前 20 名之內，兩年前大約在第 10 位，到了 2023 年上升到第 5 位左右，進入 2024 年後更是一路攀升至第 3 位、第 2

位，並在 6 月一度登上第 1 位。但這個排名變動很大，目前仍持續與微軟、蘋果等公司激烈競爭。）

黃仁勳的父親在空調公司工作，曾於 1960 年代踏上美國土地。從那時起，他就有了一個夢想，要把孩子們送到美國養育。1963 年，黃仁勳出生於台南。5 歲時，由於父親在泰國工作，他和父母一起前往泰國。然而，由於泰國陷入政治混亂，他的父母便在他 9 歲時，將他和哥哥送往了美國的舅舅家。

在美國的生活並不容易，黃仁勳與哥哥被送到位於肯塔基州（Kentucky）的「奧奈達浸信會學院」（Oneida Baptist Institute），抵達後才發現那不是寄宿學校，而是一間青少年教養院。他和哥哥在那裡度過了小學時光，直到與父母一起搬到奧勒岡州後，全家才得以團聚。

從小在數學方面就展露天賦的黃仁勳，比預定時間早兩年從奧勒岡州阿囉哈高中（Aloha）畢業，並於 1992 年進入奧勒岡州立大學主修電機工程。

1984 年大學畢業後，黃仁勳選擇的第一份工作是在 AMD，這是他第一次踏入矽谷，也是他正式開始在半導體產業工作的時刻。這家由「快捷半導體」（Fairchild Semiconductor，又稱為仙童半導體）出身的傑瑞‧桑德斯（Jerry Sanders）創辦的公司，可說是矽谷代表性的半導體企業。黃仁勳當時負責設計剛開始崛起的「微處理器」，微處理器就是我們現在所熟知的中央處理器（CPU）的前身。

他之後轉職到 LSI 公司（LSI Logic），在那裡工作了將近十年時間，期間負責工程、行銷和管理等業務。

在家庭餐廳的一角擘畫未來

輝達是在 1993 年，由當時在 LSI 公司任職的黃仁勳，與在昇陽電腦（Sun Microsystems）任職的克里斯・馬拉喬斯基（Chris Malachowsky）、柯蒂斯・普里姆（Curtis Priem）共同創立的。

1959 年出生並畢業於佛羅里達大學的馬拉喬斯基，曾在惠普（Hewlett-Packard）工作，後來成為昇陽電腦的工程師。與他同齡的柯蒂斯・普里姆，是從 IBM 轉職到昇陽電腦，負責設計圖形處理器。

當時昇陽電腦所需的半導體就是由 LSI 公司供應，三人雖然各以業務負責人的身分見面，但年齡相仿、從事相似工作的三個人很快就感到意氣相投。1993 年，英特爾發布了奔騰（Pentium，i586）CPU，微軟則推出了「Windows 3.1」。使用滑鼠點擊畫面的圖形使用者介面（GUI）逐漸普及，電腦中「圖形」（包含圖像和影像）也越來越重要。

除此之外，特別是在遊戲方面，對專業圖像的需求也不斷增加，1993 年推出的遊戲《毀滅戰士》（Doom）更是將這種需求推至高峰。這三個人雖然對遊戲不太了解，但他們都認為「如果未來電腦中圖形的重要性越來越大，那麼處理圖形的處理器也會變得越來越重要吧」？他們作為開發者，一起思考在快速發展的個人電腦市場中所需的東西是什麼，並自然而然地凝聚了創業的意向。

就這樣，1993 年，黃仁勳與另外兩人一起創辦了輝達，並

圖 2-1｜輝達共同創辦人柯蒂斯‧普里姆

來源：RPI

擔任執行長。根據他們後來的一次採訪，馬拉喬斯基和普里姆表示，雖然黃仁勳比他們小了四歲，但在聰明才智和領導能力方面更勝一籌，所以讓黃仁勳擔任執行長是正確的決定。

就像許多矽谷的公司一樣，輝達的起點也非常樸素。輝達剛成立時的地點，其實是一家家庭餐廳，那裡也正是黃仁勳從 15 歲開始洗盤子的地方──位於聖荷西的「丹尼」（Denny's）餐廳。三個人經常在餐廳的角落聚會，在餐桌上沒完沒了地討論那些未來將主宰矽谷的點子（當時他們並不知道）。2023 年 9 月，當輝達的企業價值突破 1 兆美元時，丹尼與輝達一起舉辦了一場支持創業者的「1 兆美元孵化器競賽」，並將聖荷西店內他

們常坐的那張餐桌命名為「創立 1 兆美元公司的座位」。有趣的是，在設立這個 1 兆美元座位僅僅半年後，輝達的企業價值就翻倍達到 2 兆美元。因此，這個座位又被改名為「2 兆美元座位」（2024 年 6 月輝達市值曾突破 3.3 兆美元）。

其實公司剛創立時，這三個人根本沒有錢。幸運的是，當時的矽谷已經有了一些風險投資公司。黃仁勳在 LSI 公司工作時，透過上司威爾弗雷德‧科里根（Wilfred Corrigan）的介紹，認識了矽谷著名的「紅杉資本」（Sequoia Capital）創辦人兼執行長唐‧瓦倫丁（Don Valentine）。紅杉資本成立於 1974 年，以投資雅達利（Atari，美國電子遊戲公司）、蘋果、思科和谷歌等公

圖 2-2｜丹尼餐廳裡「創立 2 兆美金公司的座位」

司而聞名。科里根打電話給瓦倫丁，據說他跟瓦倫丁說：

「喂，我介紹一個年輕人給你！他是我手下工作最出色的員工之一，很可惜他要離職了！我不太清楚他要做什麼，但你可以聽聽看！」

根據黃仁勳的回憶，他在瓦倫丁面前進行了最糟糕的投資提案。然而，應科里根的請求，瓦倫丁最終仍決定投資輝達。他對黃仁勳說：「如果你敢浪費我的錢，我就宰了你。」

直到那時，黃仁勳和兩位工程師才離開丹尼餐廳去找辦公室。那年，黃仁勳剛滿三十歲。

一起步就是
毀滅性的失敗

　　他們雄心勃勃地創業了，但三個人並不確切知道他們應該製造什麼產品。雖然他們有為個人電腦市場生產半導體的想法，但實際上對個人電腦並不了解。因此，他們完全不知道具體應該製造什麼，也不知道應該瞄準哪個市場。於是，這三個人首先開始研究個人電腦的相關市場。

　　當時 2D 顯示卡市場已經有許多企業占據了一席之地，如 Xilinx、Altera 和 Cirrus Logic 等公司。黃仁勳、馬拉喬斯基和普里姆三人最後得出的結論是：必須製造用於 3D 圖形的硬體，而非 2D 圖形。然而，當時並不存在 3D 顯示卡的市場，因為高性能 3D 圖形處理的需求並不在個人電腦上進行。唯一在個人電腦上有 3D 圖形需求的，就是遊戲市場。

不過，當時的遊戲市場主要以青少年為主要客群，對企業來說並未被視為一個重要的市場，再說這三位創始人對遊戲市場的了解程度也相當有限。他們反覆思考：是要以追趕者的角色進入競爭激烈的現有 2D 顯示卡市場，還是要以先驅者的身分進入前景尚不明朗的遊戲用 3D 顯示卡市場？最終，他們決定避開激烈的競爭，進軍遊戲市場。

我們製造了昂貴且無用的產品

三位創始人因為想要創建一個讓競爭對手羨慕的公司，所以他們將代表「羨慕」的「NV」這個字母和顯示卡公司的身分象徵「視覺（vision）」結合，打算將公司命名為「NVision」。但由於已經有一家公司使用了相同的名稱，他們便將拉丁語中代表「嫉妒」的「Invidia」去掉首字母 I，最終將公司命名為「NVIDIA」（輝達）。

公司成立約兩年後的 1995 年，輝達推出了第一款產品「NV1」。黃仁勳將 NV1 比喻為章魚，因為它集成了多種功能，包括 3D 繪圖處理、影像處理、音訊波形表處理、I/O 埠、遊戲埠等。輝達甚至為 NV1 創建了一個稱為 UDA 的程式設計模型。然而，由於功能過於繁多，NV1 的價格偏高，而且許多功能對大多數用戶而言顯得多餘。這種「全能」的設計理念，就像章魚的多隻觸手，反而成為了產品的缺點。

代表紅杉資本參與輝達董事會的馬克‧史蒂文斯將 NV1 評

圖 2-3 │ 輝達的 NV1

來源：輝達

為「瑞士軍刀」。這意味著它什麼都能做，但實際上在日常生活中並沒有什麼用，只是一個看起來很酷的產品。

輝達總共銷售了 25 萬台 NV1 給帝盟多媒體（Diamond Multimedia），但竟有 24 萬 9 千台被退貨，僅售出 1 千台！輝達的第一款產品可說是遭遇了災難級的失敗！黃仁勳表示：「沒有人會自己買瑞士軍刀，那是聖誕節才會收到的禮物。」他還說：「創業後的三年間，我們犯的錯誤就足以寫成一本書。」

儘管 NV1 慘遭失敗，但輝達卻因此獲得了與當時日本代表性遊戲主機公司 SEGA（世嘉）合作的機會。作為遊戲業界的先驅，SEGA 當時正在開發如《VR 快打》（Virtua Fighter）等基於 3D 技術的遊戲，他們需要為下一代遊戲主機配備新的圖形處理器，而輝達正是能夠提供這種技術的公司。就這樣，SEGA 和輝達攜手合作。

在第一個產品遭遇重大失敗的同時，原本認為少有競爭的

圖 2-4｜搭載了 NV1 晶片組的 SEGA 遊戲《VR 快打》

來源：維基百科

3D 顯示卡市場開始有了新的競爭者進入。然而，這些競爭者使用了與輝達完全不同的架構。當時輝達是開發的是使用四邊形渲染影像的架構，但當時的業界則是採用三角多邊形技術，加上微軟「Windows 95 DirectX 3D 應用標準」決定採三角多邊形架構，輝達顯然在架構上犯下了策略性的錯誤。

技術上來說，輝達使用的是「前向紋理映射」（forward texture mapping）技術，而其他企業使用的是「逆向紋理映射」（inverse texture mapping）技術。黃仁勳意識到，輝達必須放棄原有的技術路線，轉而採用逆向紋理映射方法。

按照合約，輝達原本應該開發用於遊戲主機的 NV2。問題是，如果真的按計劃製造這款顯示卡，公司將會與業界的發展方向背道而馳，最終可能導致公司破產。儘管如此，輝達也不能無視已經簽訂的合約，貿然中止與 SEGA 的合作。

最終，黃仁勳決定親自拜訪當時 SEGA 的執行長入交昭一郎，黃仁勳表示：「我們目前的共同開發方式是錯誤的。如果按照約定製造 NV2，輝達勢必會破產。」

黃仁勳請 SEGA 另尋合作夥伴，但同時依然請求 SEGA 支付全部款項，否則輝達將會倒閉。對 SEGA 而言，這可說是一個對公司毫無益處、沒有任何理由同意的提議，沒想到入交昭一郎竟然同意了！

入交昭一郎成功說服 SEGA 向一家無法履行現有合約，而且岌岌可危的新創公司注入資金，輝達獲得了他們迫切需要的 500 萬美元。

黃仁勳說：「他的理解和寬容給了我們 6 個月的時間。」

我們離倒閉只剩 30 天了

從這時開始，黃仁勳經常把一句話掛在嘴邊：「我們離倒閉只剩 30 天了」（We're only 30 days away from going outta "business"）。這句話並非誇大其詞，而是切實反映了當時輝達面臨的嚴峻現實。事實上，500 萬美元也僅夠用來製作一片新的晶片而已。

在半導體產業中，「Tape-out」是指將完成設計的晶片版圖資料交付給晶圓廠進行製造的關鍵步驟。Tape-out 後，設計好的電路圖會被轉移到光罩（一種特殊的玻璃板）上，這個光罩隨後會在晶圓製造過程中的曝光步驟上使用。

然而，即使完成 Tape-out 並製造出樣品，通常還需要進行嚴格的測試和驗證。這個階段會運行各種軟體來檢測和修正可能存

在的錯誤。因此，從 Tape-out 到最終正式量產，通常需要 1〜1 年半的時間。

然而，在這個階段，輝達面臨著嚴峻的財務壓力。當時他們只剩下這 500 萬美元資金，這些資金僅夠支付一次 Tape-out 的費用。這意味著他們必須在第一次就設計出近乎完美的晶片，否則就無法進行修正。再說，輝達也沒有足夠資金可以撐上兩年。

面對這一大挑戰，黃仁勳得知有一家公司生產可以模擬實際晶片功能的設備，名叫 IKOS emulator。這家公司雖然已經快要倒閉，但這台機器的要價仍相當於輝達 3 個月的壽命。買了這台設備後，輝達就真的只剩 6 個月可活。黃仁勳親自前往他們的倉庫，收購了剩餘的庫存設備。利用這些晶片模擬器，輝達得以在實際製造前全面測試、優化其設計。

輝達在這樣艱困的過程中開發出他們第三款產品，也是「RIVA128」。1997 年問世的 RIVA128 在推出僅 4 個月內便賣出了 100 萬台，掀起了遊戲用顯示卡市場的波瀾。1997 年，遊戲《毀滅戰士》的續作《雷神之錘》（Quake）推出，并且能在搭載 RIVA128 的個人電腦上順暢地運行。這個一度面臨倒閉的公司，最後竟投出了一個三分球，贏得了比賽。

RIVA 128 的成功不僅讓輝達起死回生，更將其推上了遊戲業界最受矚目企業的行列。隨著 90 年代末期遊戲產業對高品質圖形的需求與日俱增，1999 年 10 月，公司推出了具有里程碑意義的產品——GeForce 256，這是世界第一張「GPU」顯示卡，它徹底改變了電腦處理圖形的方式。

圖 2-5 ｜輝達的 Riva 128

從股價 12 美元到市場占有率 9 成

乘勝追擊的輝達在 1999 年成功於納斯達克上市，上市時股價為 12 美元。當時輝達的營收僅為 1 億 5,800 萬美元（輝達在 2024 財年的營收為 609 億美元，增長了約 400 倍）。

隨著 GeForce 的推出，「GPU」這個新名詞開始進入大眾視野。一直以來，驅動電腦運行的中央處理器被稱為 CPU，CPU 一直是電腦中最重要的元件，而英特爾就是 CPU 市場的霸主。輝達的 GPU，顯然也被認為與 CPU 具有同等重要的地位。

當然，遊戲顯示卡市場的競爭也進入立刻白熱化。由於遊戲市場快速成長，許多企業都看到商機，迅速進入這個市場。比輝達晚一年創立並推出巫毒系列（Voodoo）顯示卡的 3dfx Interactive 也是一個重要的競爭對手，而比輝達早很多創立的冶

天科技（ATI Technologies）也不遑多讓。後來，3dfx 在 2000 年破產（其圖形專利以及巫毒顯示卡商標被輝達收購），ATI 在 2006 年被 AMD 收購。截至 2023 年第二季度，在獨立顯示卡市場中，輝達的市場占有率已經達到 88%，處於壓倒性的領先地位。

用 GPU 開啟 AI 的序幕

　　遊戲市場成就了現在的輝達，但只依賴遊戲這種 B2C 的業務結構，卻使輝達對經濟波動幾無抵抗力。2008 年金融危機前夕，輝達甚至曾在一天內，股價暴跌 30%！

　　根據當時黃仁勳接受的一次訪談表示，輝達經常進入新的市場，在那裡製作出色的產品，然後被趕走。他說：「我們在 1999 年發明了 GPU 和可程式化著色器（programmable shader，GPU 程式設計中使用的軟體指令集，是電腦圖形的核心技術），並試圖將其與主機板晶片組結合在一起。」他接著解釋：「當時我們推出了與 AMD 的 CPU 結合的圖形晶片，取得了巨大的成功。」然而，隨著 AMD 收購 ATI 並直接推出 Radeon 顯示卡，輝達與 AMD 的合作關係就此終止。

　　「後來我們與英特爾（AMD 的競爭對手）聯手，供應給蘋果的 MacBook Air。」但後來英特爾也終止了與輝達的合作。當時還只是小型半導體公司的輝達，完全處在被動的地位。

　　感受到危機的輝達決定另尋出路，以增加收入的多元化。他們開始尋找 GPU 可以應用於遊戲之外的其他領域，特別是在超

級電腦和自動駕駛等 B2B 領域擴展業務。而正是這一決定成為輝達的重要轉捩點。

我們常說的「超級電腦」其實並不是指單一台電腦，而是指多台高性能電腦連接在一起的叢集系統。這種每秒可進行 100 京次（100 萬兆次）浮點運算的 Exascale 級超級電腦，主要用於科學研究、氣象預測等需要大量運算的領域。

輝達認為這種超級電腦可以充分利用 GPU 的並行運算能力，因此在 2000 年代初期推出了「通用 GPU」（又稱為「通用圖形處理器」，英文為 General Purpose GPU，簡稱 GPGPU）的概念。也就是在以 CPU 為中心運作的超級電腦中，由 GPU 發揮強大的平行運算。從 2007 年針對高性能運算市場推出的「Tesla」產品線開始，輝達正式進軍超級電腦市場。

這個轉型策略為日後輝達主宰 AI 時代奠定了基礎。可以說，我們現在所經歷的 AI 時代，在某種程度上是由輝達在 2007 年開始的超級電腦布局所促成。目前深度學習和大型 AI 模型訓練最終是在配備大量 GPU 的高性能運算系統上進行。輝達通過進軍超級電腦市場所累積的技術經驗和產業網絡，在十多年後，轉化成了 AI 晶片市場的主導地位。

從顯示卡公司到 AI 企業的轉型

輝達在遊戲市場之外找到的 B2B 市場之一就是自動駕駛車（以下稱自駕車）。自駕車的概念其實成形甚早，但直到

2004～2005 年，由美國國防高級研究計劃署（DARPA）主辦的自駕車競賽，才成為實現的契機。當時全球的頂尖大學和企業對自駕車產生了極大的關注。在這次比賽中獲勝的史丹福大學團隊最後進入了谷歌，開啟了谷歌的自駕車研究。

時間流逝到 2010 年，隨著消息傳出谷歌正在研究自駕車，也引發了世人對自駕車更多的關注與討論。2014 年時，有許多企業紛紛進入自駕車市場。除了傳統的汽車公司外，特斯拉也從 2014 年開始正式投入自駕車的開發。當時連蘋果也批准了自駕車計畫，直到 2024 年才宣布放棄這項發計畫。

輝達沒有錯過這個市場所創造的巨大機會。自駕車最終必須依靠 AI 來運行，而為了實現這一點，就需要能夠驅動它的 AI 晶片。輝達預見到，如果他們為自駕車開發 AI 晶片和平台，就能向汽車客戶提供服務。

他們的第一個客戶是德國福斯汽車旗下的奧迪。自從兩家公司在 2014 年宣布合作之後，賓士、捷豹路虎、富豪、現代汽車集團、比亞迪、極星（Polestar）、蔚來（NIO）等企業都加入了輝達的 DRIVE 平台（應用生成式 AI 的車載運算平台）。輝達提供可布署在自駕車的 AGX 工業模組與開發套件，以及 AI 數據等整合性解決方案，因此許多汽車製造公司和電動車新創公司都使用了這個平台。

2015 年的 GTC 大會，由特斯拉的執行長伊隆‧馬斯克擔任主題講者。雖然特斯拉獨立打造了他們自己的自駕車平台，但在構建用於自駕車學習的 AI 資料中心時，仍大量使用了輝達的GPU。

圖 2-6 │ 輝達的 Tegra 處理器

來源：輝達

除了自駕車之外，輝達在智慧型手機時代來臨時，也設計並銷售過主要使用於手持裝置的處理器，也就是輝達的 Tegra。Tegra 曾廣泛用於平板電腦，例如摩托羅拉的 Xoom 和三星的 Galaxy Tab 10.1 等產品。雖然 Tegra 在消費電子市場未取得預期的成功，但輝達並未放棄這條產品線，而是將其重新定位於汽車和邊緣計算領域。通過 Tegra 建立的技術，成為了製造電動車用半導體輝達 Drive、機器人用半導體輝達 Jetson，以及資料中心用處理器 Grace 的基礎。

深度學習崛起，
帶來絕佳機會

輝達原本專注於 B2C 遊戲市場，後來以 GPU 技術贏得口碑。在尋求業務擴張時，輝達抓住了 AI 和深度學習崛起的機遇，實現了戰略性轉型。

深度學習作為 AI 的一個分支，長期以來被視為是難以實現的領域。這種觀點主要源於兩個關鍵挑戰：首先，構建和訓練複雜的人工神經網絡需要巨大的算力，這在過去是一個難以逾越的障礙。其次，人工神經網絡的性能優勢在實際應用中並未得到充分證實。這使得學術界和產業界對深度學習的實用性保持懷疑態度。深度學習的核心理論——卷積神經網絡（Convolutional neural network，簡稱 CNN）早在 1980 年代就已經出現。這種模型能夠自動提取和分類未知特徵，但直到 2010 年代才得以廣泛應用。

不只是生產顯示卡而已

從 2009 年起，深度學習研究者開始採用輝達的 GPU 來取代傳統 CPU。這一轉變大大提高了學習效率，降低了時間和成本。尤其輝達不僅推廣遊戲用 GPU，還致力於開發通用 GPU，這正好滿足了深度學習的需求。而 2006 年推出的 CUDA，可說是為深度學習研究提供了理想工具。

GPU 用於訓練人工神經網路的性能和潛力，在全球會被廣為人知的契機，發生在 2012 年。當時在人工智慧圖像識別能力競賽「ImageNet」中，多倫多大學教授傑佛瑞・辛頓（Geoffrey Hinton）團隊奪得冠軍。他們購買了兩張輝達的 GeForce 顯示

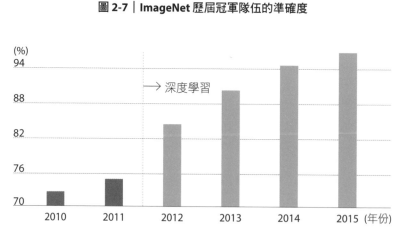

圖 2-7｜ImageNet 歷屆冠軍隊伍的準確度

2021 年，傑佛瑞・辛頓教授團隊脫離傳統方式，運用深度學習技術，創造出比前一年冠軍紀錄高出超過 10% 的成果。

來源：ILSVRC

卡，並用家中的電腦訓練了 CNN 架構的 AlexNet，結果證明其正確率達到了 84.7% 的驚人性能。而訓練 AlexNet 時使用的平台，正是 CUDA。在此之前的十年間，人工智慧的圖像識別正確率從未超過 75%，這可說是一個巨幅的提升。幾年後，基於深度學習的圖像識別率達到了 96%，超越了人類的能力。

黃仁勳早就注意到深度學習研究者們在使用輝達的 GPU 進行深度學習開發。這符合他一直以來尋找 GPU 在遊戲領域之外應用的策略。2012 年，當他目睹 AlexNet 在 ImageNet 競賽中獲勝的情景時，黃仁勳意識到深度學習才是真正的「下一個重大突破」（Next Big Thing）。這一認知促使他做出了關鍵決策：將輝達從一家專注於製造顯示卡的公司，轉型為一家以 AI 為核心的科技公司。黃仁勳更將 2012 年定義為輝達「轉型為 AI 公司的元年」，標誌著公司發展方向的重大轉變。

從這個時刻開始，輝達全力投入，幫助研究人員和企業將 GPU 應用於深度學習開發。這一戰略性轉型標誌著「AI 公司輝達」的誕生，使其超越了單純的「顯卡公司」或「半導體公司」的定位。

AI 熱潮與猛爆性的成長

當 AlexNet 震驚世界時，察覺其潛力並迅速採取行動的不只是輝達而已。谷歌從搜尋引擎成長為世界頂尖科技企業的巨頭，從早期就對 AI 投入了大量關注。在 AlexNet 獲勝後，谷歌採取

了一系列戰略性措施：首先以巨額資金收購了由傑佛瑞・辛頓教授創辦的新創公司，隨後又收購了由英國深度學習研究者創辦的 DeepMind。DeepMind 運用深度學習技術開發的圍棋 AI 系統，就是世界知名的「AlphaGo」。2016 年，谷歌安排 AlphaGo 與李世乭對弈，向全世界展示了他們在 AI 技術領域的卓越成就。這場舉世矚目的對弈不僅彰顯了谷歌在 AI 領域的領先地位，更進一步推動了公眾對 AI 潛力的認知。

社交媒體巨頭 Meta 同樣認識到深度學習的價值，於 2015 年聘請了與辛頓教授齊名的深度學習研究者——紐約大學教授楊立昆（Yann LeCun）擔任首席 AI 科學家。中國的反應同樣迅速而

**圖 2-8｜創造 AlphaGo 的 DeepMind 執行長
德米斯・哈薩比斯（Demis Hassabis）**

來源：谷歌

果斷，被譽為「中國版谷歌」的百度，聘請了史丹福大學教授吳恩達（Andrew Ng）領導其 AI 研究工作，展現了中國在 AI 領域的雄心。

然而，在這場爭奪 AI 人才的激烈競爭中，並非所有科技巨頭都能如願以償。特斯拉執行長伊隆‧馬斯克就是一個引人注目的例子。儘管與谷歌共同創辦人兼執行長賴利‧佩吉（Larry Page）關係密切，馬斯克原本有意收購的 DeepMind，最終卻被佩吉搶先一步。不過這次失利並未澆熄馬斯克對 AI 的熱情，隨後他便與當時擔任 Y Combinator 總裁的山姆‧奧特曼（Sam Altman）攜手創立了一個 AI 研究機構，也就是現在因 ChatGPT 而聲名大噪的 OpenAI。

2016 年 AlphaGo 與李世乭的對決，成為一般大眾認識深度學習威力的重要里程碑。這場轟動全球的賽事不僅展示了谷歌在 AI 領域的領先地位，更引發一連串深遠的影響。谷歌正在進行的 AI 專案開始受到企業界和大眾的廣泛關注外，許多 AI 新創公司應運而生，進一步推動了產業發展。對 AI 的需求激增帶動輝達的營收顯著上升。值得注意的是，輝達的財報結構開始發生變化：資料中心的業務比重逐漸上升。如同谷歌在訓練 AlphaGo 時利用資料中心的超級電腦，AI 訓練越來越依賴大規模資料中心的算力。這種趨勢推動了資料中心技術和基礎設施的快速發展。

輝達在 2016 年首次公開專門用於深度學習的電腦 DGX-1。這款為 AI 製造的產品結合了輝達的 GPU 和 x86 架構 CPU，效能等同 250 台傳統伺服器。DGX-1 採用輝達的 Pascal 架構（代號 P100），並首次搭載 HBM 作為記憶體（由三星供應 HBM2）。

圖 2-9 | 輝達的收益分析

（單位：%）

產品線	2019年	2020年	2021年	2022年	2023年	2024年
分析及 AI 用資料中心處理器	25.0%	27.3%	40.2%	39.4%	55.6%	78.0%
電腦用 GPU	53.3%	50.5%	46.6%	46.3%	33.6%	17.1%
3D 顯示卡用 GPU	9.6%	11.1%	6.3%	7.8%	5.7%	2.6%
車用 GPU	5.5%	6.4%	3.2%	2.1%	3.3%	1.8%
加密貨幣挖礦用 GPU	6.5%	4.6%	3.8%	2.0%	0.0%	0.0%
其他	0.0%	0.0%	0.0%	2.3%	1.7%	0.5%

來源：輝達

　　隨著 DGX-1 的推出，輝達的資料中心收入迅速增加。這是因為輝達的 GPU 和 DGX 系列產品被廣泛應用於資料中心，尤其使用於 AI 的基礎架構已經被建立起來。

　　以 2015 財年（2014 年 2 月～2015 年 1 月）為基準，輝達的資料中心營收為 3 億 1,700 萬美元，而到了 2019 財年（2018 年 2 月～2019 年 1 月），這一數字上升到了 29 億 3,200 萬美元，年複合增長率達到 74.3%。然而，他們的成長才剛剛開始。

在看不見的地方
打造 AI 地基

　　2017 年，谷歌的八位研究者發表了一篇論文。這篇論文的標題是《你只需要注意力》（Attention is All You Need）。論文的內容是關於 AI 研究中的自然語言處理（Natural Language Processing），也就是讓 AI 學習理解人類語言的方法。如果 AI 能夠理解人類的語言，就可以與人進行自然語言的對話，也能夠進行翻譯。

　　在這篇論文出現之前，深度學習在自然語言處理領域主要使用的是稱為循環神經網路（Recurrent Neural Networks，簡稱RNN）的模型。然而，在這篇論文中，他們提出了一種名為「Transformer」的新模型，並基於這個模型，展示了英語—德語翻譯的準確性。這篇論文的標題中提到的「注意力」機制，最早

是在 2014 年由蒙特婁大學教授約書亞·班吉歐（Yoshua Bengio）和紐約大學教授趙敬賢（Kyunghyun Cho）的論文中提出。Transformer 是基於「自注意力機制」（self-attention mechanism）的一種架構，將這個注意力機制引入模型後，能大大提高翻譯性能。最重要的是，與當時主流的 RNN 相比，Transformer 模型減少了需要處理的數據量，因此更加實用。

Transformer 模型帶來的影響可以與 2012 年出現的 AlexNet 相提並論。這不僅是因為它展示了比傳統模型更優異的性能，還因為它在語言處理之外的其他領域也證明了其優越性。2018 年 6 月，OpenAI 的研究人員推出了一個基於 Transformer 的語言模型，名為「Generative Pretrained Transformer」，即著名的 GPT。同

圖 2-10｜2024 年 GTC 大會上聚集的 Transformer 論文作者們

來源：輝達

年，谷歌也推出了基於 Transformer 模型的語言模型，名為 BERT
（Bidirectional Encoder Representations from Transformers）。

GPT 和 BERT 分別由 1.17 億和 3.4 億個參數構成。但最初的
Transformer 模型是由 5,000 萬個參數構成，所以它們的規模被放
大了好幾倍。而在這個過程中，AI 研究人員發現，隨著在
Transformer 結構中增加參數的數量，語言模型的性能也會有所
提升。2019 年公開的 GPT-2 相比於一年前公開的 GPT，顯示出
了驚人的性能提升，其最終版的參數數量更高達 15 億個。

事實上，參數的增加同時代表資金的投入成本。因為參數越
多，訓練所需的算力就越大。OpenAI 因為從微軟那裡獲得了 10
億美元的投資（後來更陸續將投資加碼到 130 億美元），才有可
能進行這樣的挑戰。

一年後的 2020 年，GPT-3 登場了，其參數數量竟然達到了
1,750 億個。這個模型相比之前的版本又大上 100 倍。擁有 1,750
億個參數的 GPT-3 展現了 LLM 超越以往所有語言模型的驚人性
能。簡單來說，語言模型就是一種能夠預測某個詞後會出現什麼
詞的 AI，而 GPT-3 的預測能力已經提升到了接近人類的水平。
隨著 GPT-3 的出現，研究者們開始對具有人類水平語言能力的
AI 充滿期待。結果，不僅是主導這項研究的 OpenAI，連谷歌的
LaMDA（Language Model for Dialogue Applications）和微軟的
MT-NLG（Megatron-Turing Natural Language Generation）等研究
語言模型的其他公司，也接連推出擁有大量參數的大型語言模
型。

生成式 AI 的誕生與 ChatGPT 的出現

回顧 AI 的發展史，一開始雖然研究者們對於 AI 的急劇進步抱有高度期待，但大型語言模型的開發競爭仍僅限於該領域內的研究者和企業之間。2016 年因為 AlphaGo 引發的 AI 熱潮迅速冷卻，對於一般大眾來說，AI 依然是遙遠的未來技術，尚未對個人生活產生任何影響。事實上，基於深度學習的 AI 技術這時也才剛進入智慧型手機的攝影、圖像識別、搜尋或推薦等各種領域，還沒有出現足以讓人人都能使用的 AI。

反而在 2021 年，當時的加密貨幣和元宇宙獲取了人們的關注。由於新冠疫情，全球資金大量流入，推動了加密貨幣和元宇宙企業的股價飆升，即使與 AI 技術無關，蘋果、谷歌、Meta、亞馬遜和特斯拉的股價也天天上漲。然而到了 2022 年，通貨膨脹達到頂峰，美國聯準會（Fed）暗示將提高基準利率，股市開始盤整。曾經飆升的科技股不斷下跌，加密貨幣泡沫破裂的現象也在各地出現。

「生成式 AI」這個陌生的詞彙，是在整個科技業最艱困的時期進入人們的視野。生成式 AI，顧名思義，是指能夠「創造出某些東西」的人工智慧。在過去，例如 AlexNet 那樣的 AI，主要功能集中在「識別」事物和「理解」數據模型上，而更為先進的 AI 則能夠「創造出某些東西」。2022 年，OpenAI 推出的「DALL-E」是一款基於 GPT 的圖像生成 AI 模型。由於 GPT 已經很能理解語言，因此這款 AI 模型是基於語言來生成圖像。

DALL-E 首次推出時，生成的圖像品質相對有限，但 OpenAI

在一年後，也就是 2022 年 4 月，推出了 DALL-E 2。DALL-E 2 的圖像生成能力顯著提升了，不僅能夠生成高品質、細節豐富的圖像，在某些情況下甚至可以媲美專業創作。這巨大的進步主要歸功於 DALL-E 2 採用了一種名為擴散模型（Diffusion Model）的 AI 技術。擴散模型的工作原理是先將圖像逐步添加雜訊，接著再進行反向操作，從雜訊中逐步產生清晰的圖像，從而生成高品質的圖像。

「生成式 AI」從這時起開始在一般大眾中流傳。人們開始意識到，與傳統的想像不同，這種 AI 能「創造出有用的內容」。特別是那些生成圖像的 AI 在網路上引發了爆炸性的病毒式傳播現象。最具代表性的例子是韓國 Naver 子公司 Snow 開發的「AI 畢業相簿」和「AI 大頭貼」應用。使用者只需上傳約 10 張自己的照片，AI 就能基於這些照片製作出虛擬的畢業相簿或擬真的大頭貼照片。

除了 DALL-E 2 之外，採用類似技術的 Midjourney（於 2022 年 7 月公開）和 Stable Diffusion（於 2022 年 8 月公開）相繼問世，使得生成式 AI 越來越受到大眾關注。Midjourney 透過即時通訊平台 Discord 提供服務，使用起來非常方便。而 Stable Diffusion 則與 DALL-E 2 採取不同策略，以開源形式發布，讓任何人都可以利用它來建立自己的服務。

2022 年 11 月 30 日，OpenAI 在這種背景下公開了 ChatGPT。ChatGPT 給人一種與真實人類對話的感覺。如果要說現有的語言模型和 ChatGPT 的主要區別，就是 ChatGPT 使用了人類反饋強化學習（Reinforcement Learning from Human Feedback，簡稱

圖 2-11｜由生成式 AI 穩定擴散所產生的圖像

來源：Stability AI

RLHF）。換句話說，就是根據人的反饋來進行語言模型的強化學習。因此，經過這種學習的語言模型會做出更像「人」的回應。ChatGPT 實際上是將經過人類反饋學習的 InstructGPT 放入類似聊天機器人的界面中所製作出來的產品。

　　向全球用戶提供測試版本的 ChatGPT，確實證明了基於 Transformer 技術的大型語言模型具有多麼卓越的性能。ChatGPT 能夠完成許多傳統 AI 無法做到的任務，它不僅能進行對話，還擁有關於科學或歷史等方面的一般知識，並能夠翻譯多種語言。此外，它還具備基本的程式編寫能力，並能夠總結長篇文章。

　　2024 年後，ChatGPT 又增加了各種功能，像是與 DALL-E 2 結合後，只要輸入描述，它就能據此繪製出相應的圖像；輸入圖

像後，也能提供文字說明或描述。除此以外，還新增了文字轉語音（Text-to-Speech）和語音轉文字（Speech-to-Text）的功能，使得用戶可以通過語音與 ChatGPT 進行對話。這種超越純文字，同時能理解和處理圖像、語音等多種形式訊息的能力，在 AI 領域被稱為「多模態」（Multi-modality）。隨著時間推移，ChatGPT 不斷整合新的技術和能力，逐步發展成為一個更全面、更強大的 AI 助理系統。

大型科技公司與新創企業的競逐

ChatGPT 是生成式 AI 真正開始席捲全球的契機，不僅震撼了原本長期潛心研究語言模型的科技巨擘，也為新創公司敞開了機遇之門。這場革命性的突破，讓所有人都不禁想像，生成式 AI 不僅在產業上，甚至在社會和政治上可能產生多麼巨大的影響力。從產業的角度來看，最引人注目的莫過於生成式 AI 使用量的驚人飆升。

ChatGPT 在極短的時間內吸引了上億用戶，這番驚人成就對一直自詡為 AI 開發先驅的谷歌而言，無異於一記悶棍。據說谷歌高層將此視為公司成立以來所面臨過的最大威脅，特別是考慮到 OpenAI 有谷歌的競爭對手——微軟，在背後進行戰略支持。

谷歌迅速整合了旗下的 LaMDA 和 PaLM 等 AI 技術，推出了名為 Bard 的競品。並在 2023 年 12 月發布了更為先進的 Gemini AI 系統。目前，谷歌已將其所有 AI 服務統一品牌為

Gemini，並將其定位為公司未來發展的核心戰略。與此同時，伊隆・馬斯克也加入了這場競爭。馬斯克於 2023 年成立的 AI 公司 xAI，並推出了名為 Grok 的 AI 模型，且宣布同樣採用開源策略，開發者可根據需求進行客製化調整，展現其獨特的競爭力。

挑戰 OpenAI 的新創公司也越來越多。OpenAI 前員工達里奧・阿莫德伊（Dario Amodei）和丹妮拉・阿莫德伊（Daniela Amodei）兄妹於 2021 年共同創辦的 Anthropic，是挑戰 OpenAI 市場地位的強勁對手。為了在 AI 領域站穩腳跟，科技巨頭們正大舉投資 Anthropic。截至 2024 年 4 月，谷歌和亞馬遜等公司對 Anthropic 的投資總額已達到驚人的 80 億美元。Anthropic 於 2024 年 3 月推出了其最新 AI 產品「Claude 3」，雖然市場分析師普遍認為，在多模態能力方面，Claude 3 可能仍落後於 OpenAI 的產品，但在純語言處理能力上，Claude 3 在多個領域展現出與 GPT-4 相媲美的表現。

2024 年 2 月，OpenAI 推出的 Sora 模型，在全球科技界引起轟動。這款突破性的 AI 工具能夠根據文本指令，生成長達 1 分鐘的高品質影片，標誌著 AI 在視覺內容創作領域邁出了革命性的一步。研究指出，到 2025 年，AI 影片生成技術很可能實現商業化的應用，並為遊戲和網路漫畫等創意產業提供技術。據說在 2024 年的當下，已經有廠商實際使用 AI 技術進行 3D 設計或生成遊戲對話。

Transformers 模型的問世與 ChatGPT 的崛起開創了一個前所未有的龐大市場——生成式 AI 市場。有鑑於此，業界將 ChatGPT 比擬為 2007 年引發智慧型手機革命的 iPhone。

圖 2-12｜這個場景來自 OpenAI 以 Sora 所製作的短片

來源：OpenAI

深入剖析這項新技術的演進，我們不難發現所有這些突破性發展的基石皆是輝達的 GPU。在訓練強大的 AI 模型並據此提供服務時，GPU 的使用至關重要。為了開發具備人類水平或甚至超越人類能力的 AI，從科技巨頭到新創企業，無數公司正在這場技術競賽中全力以赴。而在這場激烈的角逐中，獲利最豐的無疑是供應這項關鍵「武器」的輝達。

值得注意的是，在這股生成式 AI 的浪潮中，目前尚未出現任何產品能夠取代引領這場革命的輝達 GPU。至少截至目前，這一局面仍然穩固。

nVIDIA
WAY

PART 3

是什麼讓輝達
無可取代？

「我記得史丹佛的學生們曾這樣對我說過：
『教授，有一個叫做 CUDA 的東西，雖然代碼不容易編寫，
但它讓人們能夠將 GPU 用於其他用途。
我們能不能建立一個使用 GPU 的伺服器，
並且看看是否可以擴展深度學習？』
當時我幫助我的學生在他的
宿舍房間裡建立了一個 GPU 伺服器，
透過那個伺服器，我們開始了第一次用於
神經網絡訓練的深度學習實驗。」

吳恩達
人工智慧領域權威、深度學習 AI（DeepLearning.AI）創辦人、
史丹佛大學兼任教授

只憑四項業務就
統治矽谷

輝達有四種主要類型的客戶，分別是資料中心、遊戲、視覺運算的專業人士和汽車業。因此，他們在公布業績時，也會按照這四個類別來發布。

首先是目前迅速成長的 AI 半導體，也就是資料中心的業務。資料中心過去並不是輝達的主力業務，但自 2017 年起呈現爆炸性增長後，現在已經占據公司總營收的 87%，成為占比最高的類別。第二項是從 1993 年輝達成立直到 2020 年，約 27 年間引領公司發展的遊戲業務範疇。第三項是專業可視化的業務（Professional Visualization），輝達的產品和服務在影視產業中被廣泛應用，包含元宇宙和數位孿生，也屬於這個範疇。最後是汽車業，也就是為汽車公司提供整合性軟硬體解決方案。

圖 3-1｜輝達主要業務群營收（2024 年第一季度）

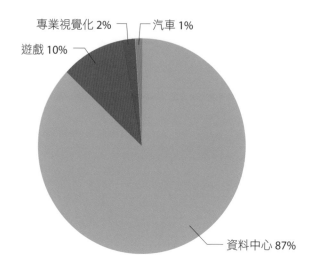

專業視覺化 2%　　汽車 1%

遊戲 10%

資料中心 87%

遊戲事業與加密貨幣

在輝達的業務中，遊戲現在的規模相對較小，但過去卻是引領公司發展的主要動力。為了理解現今的情況，有必要了解一些基本內容。在遊戲用顯示卡市場中，輝達擁有超過 80%的高占有率，而代表這一業務的產品便是「GeForce」。1999 年問世的 GeForce 顯示卡，曾經一度比「輝達」這個品牌名稱還要更加知名。

基本上，GeForce 是需要單獨購買並安裝在個人電腦上的硬

體。對於那些想要享受高性能遊戲體驗的玩家來說，需要在他們的個人電腦上額外購買並安裝獨立顯示卡。這意味著，最終消費者——也就是玩家——是輝達主要銷售的對象。而玩家們對產品規格通常非常敏感，並且往往擁有能夠比較、分析各種產品性能的專業知識。

從 2000 年代後期開始，輝達通過 GeForce 系列產品保持了高市場占有率，並贏得了眾多玩家的認可，並成功擊敗了如 3dfx Interactive 和 AMD 等競爭對手，穩固了市場第一的地位。然而，近年來遊戲市場的增長已經趨於平緩，這也反映在輝達遊戲業務部門的營收上。具體而言，該部門的營收從 2022 財年第一季度的 36.2 億美元下降到 2023 財年同期的 22.4 億美元。

這種下降趨勢可以部分歸因於疫情後，遊戲時間回歸正常水平的影響。但更重要的是，遊戲市場正在經歷根本性的變化。

近年來，隨著高規格遊戲的出現，雖然遊戲市場對高性能顯示卡的需求逐漸增加，但也因為這類高規格遊戲的製作成本過高，導致遊戲公司減少了此類遊戲的發布頻率。與此同時，市場趨勢也在發生變化：比起講究硬體規格的遊戲，越來越多人喜歡玩手遊或像 Minecraft、Roblox 這類元宇宙形式的遊戲。而且，與其玩新遊戲，更多人喜歡反覆玩像《魔獸世界》、《絕對武力》、《特戰英豪》、《絕地求生》、《俠盜獵車手》這些已經發布許久的遊戲。甚至也有許多人選擇觀看他人玩遊戲，而不是自己實際參與遊戲。面對這樣的市場環境，輝達不得不考慮開拓其他新的業務領域，以維持公司的持續增長。

曾經有一段時間，輝達的業務也受到了加密貨幣的顯著影

響。特別是在 2021 年，當區塊鏈技術和以太坊等加密貨幣價格飆升到難以預測的高度時，輝達的 GeForce 顯示卡價格也隨之水漲船高。

挖礦是指利用高性能電腦來參與加密貨幣網路的運作，包括處理交易、維護網絡安全，並藉此獲得新鑄造的加密貨幣作為報酬。具體而言，挖礦者提供他們電腦的算力，來維護和驗證加密貨幣網路的交易。

最初，挖礦主要依賴 CPU 的運算能力。然而，當採礦者們發現 GPU 比 CPU 更適合進行挖礦運算時，情況發生了變化，他們開始大量購買 GeForce 顯示卡來建立家用挖礦系統。當加密貨幣價格急劇上漲時，也進一步推高了 GeForce 的需求和價格。

輝達從未為加密貨幣挖礦製作或銷售過 GPU，但在這段挖礦熱潮期間，輝達的業績和股價確實經歷了顯著上升。然而，這種趨勢在 2022 年發生了變化。隨著加密貨幣熱潮消退，輝達的股價隨之大幅下跌。

雖然加密貨幣市場因美國批准比特幣 ETF 上市等因素而再度升溫，但輝達股價的上漲主要是由 AI 領域的快速發展所推動的。有趣的是，加密貨幣市場也呈現出類似的上漲趨勢

他們在哪裡看到未來？

輝達起初是一家製造顯示卡的公司，但並未專注於單一業務，而是因為多元化發展策略，最終躍升為全球市值最高的企業之一。輝達的成長軌跡展現了一個獨特的商業洞見：即便在當前看似不甚獲利的領域，也要積極布局。

某些人誤以為輝達只是「運氣好」。然而，那是因為沒有正確了解輝達的技術實力，和執行長黃仁勳的戰略眼光。輝達目前的快速成長絕非僥倖，而是公司多年來在各個具潛力的產業中預先布局的成果。他們的策略不只是被動等待，而是一直持續進行基礎的技術研發，並將這些技術以服務的形式提供給潛在客戶。這種做法確保了當市場機會成熟時，輝達能夠迅速把握先機。

輝達經常公開展示其在大型語言模型、虛擬人類（數位角色）和機器人等領域的最新成果，這種做法並非單純的技術炫耀，而是一種精心設計的商業策略。通過直接展示其技術實力，輝達向市場傳遞了一個明確的訊息：利用他們的產品及服務，可以輕鬆進入並主導新興市場。

這種展示策略與輝達獨特的商業模式和研發方式密切相關。一位輝達的韓國工程師對此解釋道：「輝達的研發流程是全方位的。我們會針對客戶的具體需求，從頭到尾親自進行相關產業的研究與開發。通過這種深入的了解，我們能夠精準地將客戶所需加以商品化並提供給他們。在軟體方面，我們採取了更為開放的策略——開發過程中產生的基礎函式庫會免費提供給客戶，而那些具有高附加價值的部分則會採取收費模式。」

這種商業模式是否能夠繼續引領輝達向前邁進？儘管競爭對手迅速追趕，為什麼他們仍無法奪取輝達的市場分額？接下來我們將探討目前輝達的主要業務，或者說是輝達正在涉足並等待成果的主要事業，並一一檢視輝達在這些業務中所擁有的獨特優勢和競爭力。

新的核心引擎

　　現今推動輝達快速成長的核心業務，無疑是資料中心業務。隨著深度學習技術的崛起，相關研究人員開始大量採用輝達的 GPU 進行相關的 AI 訓練，而輝達敏銳地把握住了這個巨大的市場機遇。

　　此前我們已探討過 2023 年的 GPU 供應短缺事件。當資金充裕的科技巨頭開始大規模採購 GPU 時，輝達的營收和股價隨即呈現爆發性增長。特別是在 2023 財年，輝達實現了公司歷史上前所未有的飛速成展。在 2023 財年（2022 年 2 月至 2023 年 1 月），輝達總營收達 269 億美元，其中資料中心部門貢獻 150 億美元。而在 2024 財年（2023 年 2 月至 2024 年 1 月），總營收更是飆升至 609 億美元，資料中心部門的營收更是大幅攀升至

圖 3-2 | 輝達的年度銷售變化

■ 資料中心　■ 遊戲　■ 其他

（單位：百萬美元）

475 億美元。短短一年間，公司的總營收實現了翻倍增長，而資料中心部門的營收更是驚人地增長了三倍有餘。

　　輝達 2024 財年第一季度的財報於 2023 年 5 月發布，當時尚未完全反映 ChatGPT 所帶來的市場效應。然而，隨後的季度報告開始呈現驚人的增長態勢。2023 年 8 月公布的第二季度財報顯示，資料中心部門營收飆升至 103 億美元，較上年同期大幅增長 171%。緊接著 11 月發布的第三季度業績更是亮眼，資料中心部門營收達到 145 億美元，較去年同季增長幅度高達 278%。

　　接著，輝達於 2024 年 2 月公布的第四季度財報再次刷新紀錄，資料中心部門營收攀升至 184 億美元，較去年同期激增 408%。值得注意的是，其每個季度與前一季度相比的增長速度

也在持續加快。

2024 年 5 月發表的 2025 財年第一季度業績也讓外界震驚。5 月 22 日，季度銷售額達到 260 億美元，季度營業利潤達到 169 億美元。約合 5,239 億新台幣（以 1 美元兌 31 新台幣計算）。這相當於超過 5,200 億新台幣的季度營業利潤，實在是令人難以置信的數字。

更為驚人的是輝達展現出的超凡盈利能力。該季度營業利潤率達到驚人的 65%，毛利率更是高達 78.4%，遠遠超越其他科技巨頭。與去年同期相比，營收大幅增長 262%，營業利潤更是暴增 690%。換言之，在短短一年內，公司營收增長了 3.6 倍，營業利潤則增長了 7 倍。這意味著公司每收取 100 美元就有 65 美元是利潤，如此高的營業利潤率對於製造業而言簡直難以想像。輝達似乎已經形成了一種模式：每次季度財報發布，都會大幅超越市場預期，隨之而來的是股價的急劇攀升。

2020 年之前，這家公司在美國企業市值排行榜上甚至未能躋身前 20 名。然而，到了 2024 年 6 月，輝達的市值一度躍居美國企業之首，這一成就震驚了整個科技界。輝達在矽谷的形象也經歷了徹底的蛻變。在全力進軍資料中心業務之前，市場普遍將輝達視為一家主營消費者業務（B2C）的遊戲硬體公司。但如今，輝達已然搖身一變，成為 AI 領域的領軍企業，被公認為是引領下一代運算技術革命的先驅。

資料中心規模增加
對輝達的影響

　　那麼在輝達進入之前，資料中心產業是什麼樣子呢？資料中心裡的伺服器電腦基本上與個人電腦（PC）並無太大差異。它們只是缺少了每台電腦都會有的顯示器和鍵盤，其他的組成部件則大多相似。伺服器電腦也有一塊連接各種配件的主板，還包括了 CPU、RAM、存儲設備（硬碟或 SSD）、冷卻風扇和電源供應裝置等。

　　PC 製造商當然也製造伺服器電腦，代表性的有我們熟知的戴爾（Dell）、惠普（HPE）、IBM、美超微等。中國企業也有很多，像是浪潮（Inspur）、Sugon 等專門從事伺服器電腦業務的企業，以及我們熟知的中國科技公司聯想（Lenovo）和華為（Huawei）也製造伺服器電腦。在日本企業中，唯一在伺服器電腦市場占有較高份額的是富士通（Fujitsu Ltd）。過去，這些伺服器電腦通常是由運營自有伺服器的大型企業大量購買的，這被稱為「內部部署」（on-premises）。

　　但是隨著進入雲端時代，伺服器電腦的最大買家變成了亞馬遜、微軟、谷歌這樣的雲端公司。他們在建設大規模資料中心之後，將伺服器租給外部企業。隨著雲端產業的成長，這些公司的營收快速增加，資料中心也不斷擴建。

　　正是這些雲端企業向 PC 製造商提出具體的規格要求，PC製造商則從零件供應商那裡獲取零件，將各種電腦硬體組件組裝後，交給雲端企業。以前，輝達也是一家製造並供應內部零

件——GPU 的公司。

但是，搭載輝達的 GPU AI 伺服器電腦和傳統資料中心的伺服器電腦之間有很大的差異。傳統資料中心的電腦主要目的是儲存數據並提供各種應用程序或服務。例如，提供遊戲服務、顯示 YouTube 或 Netflix 等媒體，或儲存各種檔案。因此，比起優越的計算性能，安全性和數據儲存規模更為重要。

反之，AI 超級電腦的目的是深度學習，並將學習完成的 AI 服務提供給客戶。這種電腦需要處理龐大的數據並進行大規模的「運算」，在運算過程中也會消耗大量的電力並產生熱能。雖然傳統資料中心也消耗大量電力並產生大量熱能，但 AI 超級電腦的密度更高。因此，AI 超級電腦集中的 AI 資料中心，與現有的資料中心完全不同。而且，隨著 AI 使用的增加，這樣的 AI 資料中心需求也會越來越多。黃仁勳表示，目前 AI 市場的規模約為 1 兆美元。據預測，資料中心市場規模在五年後將會翻倍增長，輝達則以占領這個正在急速擴大的市場為目標。

他們是如何用 GPU
主宰資料中心產業？

輝達的 GPU 如何被打造並進駐資料中心？在 2024 年 3 月舉辦的 GPU 大會上，黃仁勳於主題演講中詳盡闡述了這個過程。會上，他揭曉了下一代 GPU 平台「Blackwell」，並特意強調「Blackwell 平台」這一稱謂。值得注意的是，輝達早已習慣以

「平台」一詞取代「半導體」。

半導體晶片的發展一直致力於將電路最大化地集成到晶圓上。此次亮相的 Blackwell 更是將集成度推向新高，整合了多達 2,080 億個電路。Blackwell 的一大突破在於，它採用了先進的封裝技術，這是輝達首次在其 GPU 產品中應用如此創新的設計，這種技術允許將兩個高性能 GPU 晶粒整合到同一個封裝中，大幅提升 GPU 的性能和效率。考慮到 AI 運算對大規模數據移動的迫切需求，高性能的 HBM 會直接置於 GPU 心旁，以確保數據傳輸的高效性。

資料中心的運算架構遠比單純依賴 GPU 來得複雜。就如同我們的個人電腦中有 CPU 處理一般運算，而 GPU 專注於圖形處理一樣，現代資料中心也需要多種處理器協同工作。傳統上，資料中心的伺服器主要採用英特爾的 CPU 產品，這源於英特爾在個人電腦的主導地位。然而，隨著 AI 和高性能運算需求的急劇增長，這一格局正在發生變化。

2021 年，輝達跨出了戰略性的一步，首次公開了自家設計的 CPU「Grace」。

輝達的 Grace CPU 從設計之初就以與 GPU 協同運作為目標，專門針對資料中心中的大量運算和 AI 訓練任務而開發。這一平台的命名別具意義，取自美國計算機科學先驅和海軍少將葛蕾斯・霍珀（Grace Hopper）的名字，彰顯了輝達對首批電腦程式設計師，也是女性電腦科學家葛蕾斯的敬意。

隨著 Grace 的推出，輝達的 GPU 產品線也隨之演進。在此之前，輝達的高效能運算和 AI GPU 系列以 V100、A100、H100

圖 3-3｜由一個 Grace CPU 和兩個 GPU 組成的 GB200

來源：輝達

等型號聞名。而今，我們看到了帶有「G」字首的新型號：GH100 和 GB100。這一命名變化不僅體現了產品的技術進步，更標誌著輝達在整合 CPU-GPU 解決方案上的戰略布局。

在 GTC2024 大會上發布的 GB200 平台，是由一個 Grace CPU 和兩個 Blackwell GPU 組成的。這種 CPU-GPU 協同設計代表了高性能運算和 AI 領域的最新趨勢。如此複雜的系統面臨著一個關鍵挑戰：如何高效地在三個高性能的處理器之間傳輸大量數據而不造成瓶頸？

為了解決這一大挑戰，輝達推出了自家開發的 NVLink 技術。NVLink 最初於 2014 年問世，是輝達戰略布局中的重要一

環。NVLink 用於取代傳統的 PCIe（Peripheral Component Interconnect Express）接口。儘管 PCIe 是由多家科技巨頭共同開發的行業標準，但 NVLink 在特定場景下提供了更高的數據傳輸效率。由於是輝達自主研發的技術，NVLink 不僅為公司帶來技術優勢，還提供了更高的利潤空間。

此外，運算並不僅僅依賴於 CPU 和 GPU，還有 DPU（Data Processing Unit，數據處理單元）也會參與其中。DPU 是一種能夠在資料中心內部以及資料中心、設備和網絡之間高效處理數據的處理器。除了 DPU 市場的早期參與者邁威爾科技（Marvell）之外，其他科技公司也相繼投入 DPU 的領域，例如英特爾推出 IPU，AMD 也通過收購雲計算網絡公司 Pensando，快速進入

圖 3-4｜BlueField-3 DPU

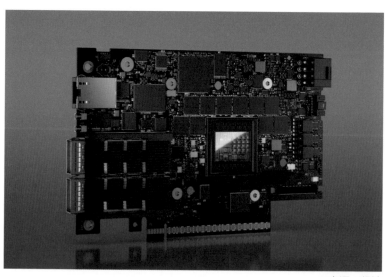

來源：輝達

DPU 市場。競爭的格局反映了 DPU 在現代資料中心架構中的重要地位。

　　輝達深知 DPU 在資料中心的重要性，所以自主開發了這項技術，於 2020 年推出了名為 BlueField 的 DPU。BlueField DPU 能高效地處理資料中心內部，以及資料中心與外部設備、網絡之間的數據流。搭載 BlueField 的 GB200，是輝達資料中心的解決方案。

　　GB200 是「輝達 GB200 NVL72」超級運算系統的核心元件。這個強大的系統配置了 36 個 Grace CPU 和 72 個 Blackwell GPU 和 18 個雙 GB200，並以 NVLink 互連技術，形成了一個高度整合的運算單元。只要安裝於專用的伺服器機箱中，配置適當

圖 3-5｜輝達最新的超級電腦

來源：輝達

的冷卻裝置和電源供應後，就可以組成一台超級電腦。針對大規模 AI 訓練任務，單一系統的運算能力仍然不足。為了實現真正的突破性 AI 研發，需要將數百台這樣的超級電腦互聯，構建大規模的資料中心。

為了實現多台超級電腦的高效連接，輝達採用了 InfiniBand 技術。這是一種高性能計算機網絡匯流排，能夠以極低的延遲和極高的頻寬連接大量計算節點。如果要使用輝達的超級電腦進行 AI 訓練，InfiniBand 也是不可或缺的關鍵技術。

這些轉變來自於輝達數年的布局。過去，輝達主要專注於為資料中心生產 GPU。然而，隨著深入資料中心市場，該公司開始自主研發關鍵硬體。2014 年，他們公開了自行研發的 NVLink 互連技術，這標誌著輝達向資料中心生態系統邁進的第一步。緊接著，在 2019 年，輝達收購了以色列網路設備製造商 Mellanox，藉此獲得了 InfiniBand 技術，進一步強化在高效能運算領域的地位。而 2021 年推出代號為 Grace 的伺服器專用處理器，更是對傳統資料中心伺服器格局進行直接的挑戰。

輝達於 2024 年 6 月，在全球最大的 IT 展之一——台北國際電腦展（Computex 2024）上，公開了未來 AI 發展路線圖。2024 年 3 月公開的 Blackwell，將於 2024 年底開始量產並交付給客戶。輝達在活動上表示，下一代 GPU 平台「Rubin」將於 2026 年公開，並計劃於 2027 年推出 Rubin Ultra。與此同時，輝達也揭露了新一代 CPU「Vera」的開發計劃。Vera 是 Grace CPU 的後續機種，預計與 Rubin GPU 同步發表。這一組合延續了輝達將 CPU 與 GPU 緊密整合的策略。

值得注意的是，輝達延續了以傑出女性科學家命名產品的傳統。Grace Hopper 取自美國計算機科學先驅的名字，而 Vera Rubin 則致敬了美國著名天文學家，彰顯了輝達對多元化與科學貢獻的重視。

業界專家推測，結合 Vera CPU 和 Rubin GPU 的產品可能會以 VR100、VR200 等名稱問世，延續了 GB100、GB200 的命名邏輯。此外，輝達表示將同步升級 NVLink 和 InfiniBand 等技術，以確保整個生態系統的協同進化。

超越摩爾定律的 GPU

在台北國際電腦展上，黃仁勳不僅公開了令人矚目的發展路線圖，更闡述了一個雄心勃勃的 AI 願景，為全球科技業描繪了一幅令人振奮的未來藍圖。之所以公開發布這樣的路線圖，是為了讓客戶能夠提前做好準備，尤其是包括半導體在內的各項科技產品，都必須因為 AI 的進展而有所布局。

黃仁勳從過去的 GCP 大會開始，就經常使用「AI 工廠」這個詞彙。這揭示了一個顛覆性的理念：曾被視為企業「成本中心」的資料中心，在生成式 AI 時代已然蛻變為「價值創造引擎」。他說：「AI 工廠能夠生成各種形式的數位內容，例如文字、圖像、語音等任何內容。」他還解釋道：「隨著資料中心轉型為工廠，其運營效率直接關乎企業績效。」

黃仁勳大膽預測，這種「AI 工廠」將掀起新一輪工業革

命，有潛力創造高達 1,000 兆美元的市場。儘管輝達當前瞄準的全球資料中心市場規模約為 1 兆美元，且難以全盤壟斷，但黃仁勳堅信 AI 對人類社會的影響將遠超這個數字。這些數字真是超乎想像。他的信念基於輝達製造的 GPU 和資料中心將創造新的「摩爾定律」的想法。

英特爾的創辦人之一高登‧摩爾（Gordon Moore）於 1965 年所提出的摩爾定律（Moore's Law）指出，集成電路的性能每 18 個月就會增加一倍。這一法則長期以來被視為解釋半導體以及整個科技產業技術創新的重要法則之一。然而，隨著半導體製程逐漸逼近物理極限，摩爾定律面臨著前所未有的挑戰。越來越多人相信：「摩爾定律」已死。

但是黃仁勳認為，這種摩爾定律可以在「資料中心」而不是「半導體」的單位上再次發揮作用。即使半導體的集成度沒有增加，但輝達利用他們自主開發的 GPU、DPU、NVLink 等技術，重新定義了運算性能的增長軌跡。這種方法不僅突破了傳統摩爾定律的局限，更開創了一個全新的技術發展模式。

輝達主要 GPU 的發展

種類	細部內容
GeForce RTX20 系列	發表年度：2018 年
	用途：遊戲用 GPU
	主要特點： - Turing 架構，使用專為深度學習設計的 Tensor 核心 - 使用光線追蹤（RT）運算核心，能模擬光線在真實世界的表現，開始採用 AI 技術來提高效能
Quadro RTX 4000/5000	發表年份：2018 年
	用途：專業及企業圖形、高性能運算（HPC）
	主要特點： - Turing 架構，使用 Tensor 核心 - 支援 RT 核心和 AI 技術 - 提供適合科學研究和高性能運算工作的性能，可用於設計、製造、醫療、電影和動畫製作等領域
GeForce RTX 30 系列	發表年度：2020 年
	用途：遊戲用 GPU
	主要特點： - Ampere 架構（相比 Turing 架構，性能和效率大幅提升），使用 Tensor 核心、RT 核心 - 透過深度學習超高取樣 2.0 技術（DLSS）技術提升圖形的現實感和細膩度 - 能與 Omniverse 平台協作，導入「通用場景描述」（OpenUSD）之工作流程
A100 系列	發表年度：2020 年
	用途：資料中心及科學研究用
	主要特點： - Ampere 架構 - 基於 Tensor 核心的 AI 加速（尤其是在大規模資料處理中實現深度學習訓練和推論） - 使用高性能的 HBM2，可執行大型模型與資料集 - 透過 NVLink 連接多個 GPU，可實現高性能運算（HPC）

H100 系列	發表年份：2022 年
	用途：資料中心及科學研究用
	主要特點： - Hopper 架構，第四代 Tensor 核心，HBM3 記憶體 - 提供比 A100 提升 6 倍的 AI 性能 - 針對大型語言模型及生成式 AI 工作進行最佳化
GeForce 40 系列	發表年份：2022 年
	用途：遊戲及圖形處理用 GPU
	主要特點： - Ada Lovelace 架構 - 第四代 Tensor 核心，第三代 RT 核心 - 光線追蹤性能提升與 AI 功能的強化，能提供更加真實的虛擬實境以及更流暢的遊戲體驗
L40S 系列	發表年份：2023 年
	用途：資料中心及科學研究用
	- Ada Lovelace 架構 - 第四代 Tensor 核心，第三代 RT 核心 - 適合於生成式 AI、大型語言模型推論及訓練、3D 圖形、渲染、影像處理等多種次世代資料中心業務
H200 系列	發表年份：2023 年發表，2024 年上市
	用途：資料中心及科學研究用
	主要特點： - H100 的升級版本（預計在能源效率和性能方面有顯著改善） - HBM3E 記憶體的使用預計將再大幅提升頻寬 - 更加適用於大型語言模型和生成式 AI
B100/B200 系列	發表年份：2024 年（預計於 2024 年底推出）
	使用用途：資料中心及科學研究用
	主要特點： - Bleackwell 架構，AI 效能是上一代 Hopper 的五倍 - 使用 NVLink-HBI 的晶片對晶片互連技術，每秒傳輸速度 10TB - 可與 Grace CPU、NVLink 結合成 GB200 NVL72 的 AI 伺服器產品
R100 系列	發表年份：2024 年（預計 2026 年推出）
	用途：資料中心及科學研究用
	主要特點： - Rubin 架構 - 預計與下一代 CPU Vera 一起銷售，並搭載 HBM4

元宇宙與數位孿生

在生成式 AI 推動輝達股價上漲的 2023 年之前，黃仁勳還非常專注於另一個領域，那就是「元宇宙」。他在 2020 年 10 月舉行的 GTC 大會上宣布，未來將會迎來元宇宙的時代，並將元宇宙描述為「一個多人可以在 3D 空間中即時共享相同體驗的虛擬世界」。

之後由於新冠疫情的關係，外出受限的人們果然將注意力轉向虛擬世界，遊戲產業迎來了空前繁榮。特別是像《要塞英雄》（Fortnite）、Minecraft、Roblox 這類多人「開放世界」遊戲，更是大受歡迎。2019 年開始急劇升值的加密貨幣，也將元宇宙概念更往前推進。加密貨幣擁護者聲稱，這項技術不僅能解決虛擬世界的諸多問題，還能實現在多個虛擬世界之間自由轉移資產

圖 3-6｜2021 年輝達公開的黃仁勳虛擬分身

來源：輝達

的「互通性」。儘管其實際效用尚待驗證，但與元宇宙相關的加密貨幣價格仍然飆升，進一步推動了整個元宇宙概念的熱度。早已布局虛擬實境市場的 Facebook 就是在這波浪潮中將公司更名為「Meta」，以彰顯其在元宇宙領域的決心。

解決現實問題的數位孿生技術

輝達在 2020 年順應虛擬實境和元宇宙的潮流，推出了「Omniverse」平台。Omniverse 是一個即時開放的 3D 設計協作平台，其目標客戶不是一般消費者，而是企業用戶。

事實上，輝達早已是擁有高水準 3D 模擬技術的領導企業。由於在實現 3D 電腦圖形處理方面的卓越表現，輝達的 GPU 被廣泛應用於設計、電影等專業領域。其中，RTX Ada 系列就是一個代表性產品。Omniverse 平台則將這些成熟的 3D 技術帶入同步且即時協作領域，隨著元宇宙概念日益流行，輝達巧妙地將 Omniverse 與現有服務結合，開展了新一輪的市場策略。

元宇宙的實現需要龐大的運算能力。3D 虛擬世界的品質越高、參與者人數越多，所需的運算資源就越龐大。因此，擅長圖形運算的 GPU 成為實現元宇宙不可或缺的核心技術。

在元宇宙的眾多應用中，輝達最為看好的是「數位孿生」（Digital Twin）技術。數位孿生指的是在虛擬空間中精確複製現

圖 3-7｜由輝達、西門子和 HD 現代重工製作的液化天然氣運輸船數位孿生系統

來源：輝達

實世界的物體、系統或流程。這項技術主要應用於製造業，用以優化生產流程、預防事故發生等多種用途。

運用 Omniverse 平台，就能使得機器人、汽車、建築、工程、建設、製造、媒體及娛樂等行業的專業人士，能夠融合現實和虛擬世界，創建高度逼真且即時更新的模擬環境。

輝達數位孿生技術的一個代表性案例是在 GTC 2024 上展示的 HD 現代重工液化天然氣（LNG）運輸船的 3D 渲染。這個高度精確的數位模型是輝達與德國西門子（Siemens），以及韓國造船企業 HD 現代重工集團（HD Hyundai）共同合作的成果。這個項目結合了西門子的 CAD（電腦輔助設計）和 PLM（產品生命週期管理）軟體，以及輝達先進的圖形處理技術，構建出一個極為逼真的液化天然氣運輸船數位孿生模型。通過這個數位孿生，相關人員可以如同觀察實體船隻一般，即時檢視和分析船舶的各項規格，當然也包含外形、顏色，甚至細微的標誌等。

除了前文提到的西門子外，安西斯（Ansys）、微軟、博世（Bosch）等公司也為製造業領域提供數位孿生解決方案。此外，還有如達梭系統（Dassault Systèmes）這樣專注於產品生命週期管理的公司，以及針對資料中心提供專業數位孿生方案的企業。輝達選擇與這些公司建立合作關係，通過提供硬體和技術支持，擴大其產品的應用。

此外，輝達也為企業打造了專業的 Omniverse Enterprise 解決方案。這個解決方案運行在輝達自行開發的系統—— 輝達 OVX 上。OVX 可以被視為一款專為數位孿生和高性能圖形設計的 Omniverse 專用伺服器。

元宇宙和數位孿生是除了 AI 和資料中心之外，輝達重點關注的領域。隨著 AI 在各行各業普及，市場將關注輝達的下一個成長動力。在這樣的背景下，輝達將元宇宙視為公司未來發展的關鍵增長點之一。事實上，黃仁勳 2023 年 11 月接受《紐約客》（The New Yorker）採訪時，被問到在輝達投資的多個領域中，哪些領域像 AI 一樣是重大賭注時，他的回答就是：「Omniverse 平台」。

　　元宇宙產業未來將如何發展，目前仍不明朗。在當前階段，工業用元宇宙是唯一已經明確建立的市場領域。但無論未來市場走向如何，輝達已經做好了全方位的準備。

機器人技術與
自動駕駛解決方案

在 2024 年 GTC 大會上，繼 AI 之後，機器人技術成為最受矚目的焦點。黃仁勳提出了一個創新概念，將 Omniverse、AI 和機器人運算整合在一起，為通用型機器人建立基礎模型。這代表輝達也將進軍新興的機器人市場！這個概念是將相當於機器人大腦的 AI 放在輝達的 Omniverse 虛擬世界中進行訓練，隨後將其載入實體機器人系統中運作。

為了展示這項突破性技術，主題演講接近尾聲時，一群由輝達生成式 AI 技術訓練的機器人驚艷登場。這些與迪士尼合作開發的機器人，無論是外觀還是行為舉止，都與真實小狗極為相似。它們不僅能準確理解並執行黃仁勳的指令，甚至會像真正的小狗一樣撒嬌討食。

來源：輝達

　　除了生成式 AI 外，機器人技術的發展之快，真如字面上所說，是「一日千里」。僅僅在一、兩年間就展現了新的面貌。

　　事實上，人型機器人長期以來都因為效率不彰，而被認為缺乏商業價值。然而，隨著科技的飛躍發展，這個領域正重新吸引各界關注。這一轉變主要歸功於兩大技術突破：首先是電動馬達和電池技術的發展，使得製造動作更加精準、靈活的人型機器人成為可能。曾經是人型機器人代表的波士頓動力公司（Boston Dynamics）便將其機器人結構從液壓式改為電動式。

　　第二，人工智慧的突破性進展，為人型機器人注入了新的生命力。通過強化學習，機器人越來越可能實現近乎人類的行走和移動能力。這項技術的應用更擴展到了圖像識別和自然語言處理

等領域。許多專家預測,隨著大型語言模型(LLM)的進一步發展,下一個里程碑將是機器人基礎模型的誕生。這個新興市場充滿潛力,OpenAI 也正在與像 Figure 01 等機器人公司展開合作,致力於將其開發的 LLM 技術應用於類人型機器人。

輝達在 GTC 上公開的 Project GR00T 是「Generalist Robot 00 Technology」的縮寫,指的是用雙足行走的人型機器人所使用的通用 AI 模型。這是一套涵蓋機器人開發全生命週期的整合解決方案。從初始的 AI 模型訓練,到核心技術開發,再到最終的實際部署,都由輝達提供一站式的技術解決方案。

由 Gr00t 驅動的機器人具備令人印象深刻的能力,他們能理解自然語言,並通過觀察人類行為來學習、模仿人類的動作。它們

圖 3-9│人形機器人模型 01

來源:Figure AI

被製造出來是為了探索、適應並與現實世界互動，因此具備在現實場景中吸收新知識的能力。輝達正在為一系列領先的機器人企業構建一個綜合性 AI 平台，參與的公司包括：1X Technologies、Agility Robotics、Apptronik、波士頓動力公司、Figure AI、Fourier Intelligence、Sanctuary AI、Unitree Robotics、XPENG Robotics 等，這個平台將為打造人型機器人的開發，提供技術的支援，開拓全新的應用領域。

輝達對機器人技術的投入是公司長期戰略布局的重要一環，作為領先全球的 AI 技術公司，輝達深知機器人性能的核心在於軟體，而高性能的硬體則是實現這一目標的關鍵基礎。此外，機器人技術還面臨著獨特的挑戰，因為機器人在離線狀態下也需要保持高效運作。

輝達為機器人量身打造的硬體平台 Jetson Thor，可被視為機器人專用的高效運算平台。它充分利用了輝達強大的 GPU 技術，實現了高效的運算能力。在軟體層面，輝達推出了 Isaac 套件，這是一個專為機器人開發而設計的全面解決方案。Isaac 不僅提供了完整的加速程式庫和功能強大的模擬器，還包含了高效先進的視覺處理能力，例如能支援、整合多種相機以及感測器。這套軟體生態系統涵蓋了從概念設計到實際部署的整個機器人開發流程。而整合硬體與軟體的 Project GR00T 正是輝達積極主導的研究計畫。

輝達在機器人領域的布局，展現了他們的遠見，如同在資料中心產業中擴展影響力的歷程，輝達正企圖打造一個全方位的 AI 機器人平台，為下一代機器人奠定基礎。

有輪子的 AI 技術

過去十年，移動市場經歷了翻天覆地的變革。在新興的電動車市場中，曾在傳統內燃機領域占據優勢的全球汽車巨頭，如今與眾多新創公司站在了同一起跑線上。更引人注目的是，電動車的崛起引發了自動駕駛革命，徹底重塑了汽車產業的格局。

在自駕車開發領域，特斯拉無疑是當之無愧的領頭羊。這家由伊隆‧馬斯克創立的公司所生產的車輛，被業界譽為「裝有輪子的電腦」，是典型的「軟體定義汽車」（Software Defined Vehicle）。特斯拉車輛在行駛過程中，能夠收集大量的數據，這些資訊隨後會被傳送至公司的資料中心，用於持續優化其自駕技術。在這種商業模式下，特斯拉的用戶基礎越龐大，其自駕技術的水平就越容易提升。

自駕車熱潮剛剛興起時，輝達憑藉其敏銳的市場洞察力，率先認識到運算技術將成為自駕車的核心。因此他們打造的不是汽車外殼，而是進軍「自駕平台」，為整個行業提供關鍵技術。新興企業因此能夠進入電動車市場，其中包括中國的理想汽車（Li Auto）、長城汽車（Great Wall Motor，簡稱 GWM）和極氪（ZEEKR）等備受矚目的企業，都成為輝達的合作夥伴。2022年，輝達推出了最新一代的自駕車平台——DRIVE Thor。與此同時，上一代產品 Orin 仍然廣受歡迎，擁有大量忠實客戶。

2024 年 4 月，小米發布了首款電動車 SU7，這款電動車就使用了輝達的自駕平台，再次證明了輝達在自動駕駛領域的主導地位。這也凸顯出一個關鍵趨勢：輝達的技術正在降低自駕車的

開發門檻，使得像小米這樣的消費電子公司也能順利進軍汽車製造業。目前，賓士、捷豹路虎、沃爾沃（Volvo）、現代汽車、比亞迪、極星（Polestar）、蔚來等公司，都是輝達的客戶。

在自駕車市場上，輝達面對的競爭對手是高通。就像輝達透過 Drive 平台同時銷售軟硬體整合的解決方案一樣，高通也推出了類似的「Snapdragon Ride」平台。高通的客戶包含：本田（Honda）、斯泰蘭蒂斯（Stellantis）、BMW、GM／凱迪拉克。此外，包括英特爾的子公司、專注於移動性的公司 Mobileye 在內，自駕車解決方案市場上正展開激烈的競爭。

但是進入 2024 年後，這種趨勢似乎有些停滯不前。美國作為全球最大的電動車市場，其消費者對電動車的熱情似乎有所降溫，這種「疲勞感」可能源於多個因素。交通事故的發生不僅引發了公眾對這項技術的擔憂，也引起了監管機構的高度關注。像

圖 3-10│由輝達自動駕駛平台打造的極氪 007

來源：輝達

Waymo 這樣的無人駕駛計程車服務雖然已在美國和中國部分地區開始營運，但其擴張速度遠低於業界預期。而特斯拉的 FSD（完全自動駕駛）服務也強調駕駛員的持續注意義務，反映了自動駕駛技術當前的局限性。

在這種情況下，像輝達這樣的自駕車解決方案似乎很難再獲得像過去那樣的關注。許多曾經爭相使用輝達 Drive 平台的電動車新創公司現在紛紛倒閉，這對輝達來說也不是件好事。

然而，黃仁勳在 2024 年 5 月接受雅虎財經訪問時表示：「儘管特斯拉在自動駕駛方面領先，但總有一天所有汽車都必須具備自動駕駛能力。因為這樣更安全、更方便、更愉快。」這番話顯示他對自駕車市場的樂觀態度。目前自駕車和電動車市場雖然呈現短暫的萎縮，但這很可能只是反映了整個行業正經歷一個

圖 3-11｜無人駕駛計程車 Waymo 正在舊金山運營

來源：Waymo

理性化的調整過程。

　　輝達在機器人和自動駕駛車產業已達到了非常高的技術水準。儘管目前這些領域尚未為輝達帶來巨額營收，但公司的技術平台已成為許多初創企業的首選，這為輝達奠定了堅實的市場基礎。與 AI 產業相同，輝達現在已經提前深耕技術，為未來的爆發性增長做好準備，只等待果實掉落。

進入醫療生技產業的 GPU

　　每年一月在舊金山舉行的摩根大通健康護理會議是全球最大規模的健康護理活動之一。然而，在 2024 年舉行的會議中，最受矚目的人物竟然不是健康護理業界的執行長，而是輝達執行長黃仁勳。

　　黃仁勳不僅擔任活動的主題演講者，還與美國新創公司 Recursion 的董事會主席馬丁・查韋斯（Martin Chavez）進行了對談。在這場備受關注的討論中，黃仁勳闡述 AI 的革命性潛力：「現在我們可以將所有結構化的資訊以語言來識別和學習，甚至進行跨領域的轉譯。」他進一步解釋，AI 不僅能夠根據文字輸入生成相應的圖像，還能根據文字描述生成蛋白質結構圖，甚至將複雜的蛋白質結構轉譯成易懂的文字描述。

改變新藥開發格局

作為圖形處理器市場的領導者，輝達與醫療保健產業乍看之下似乎毫無關聯。然而，即使在看似與輝達最不相關的醫療保健領域，每年透過雲端服務提供商使用的輝達 GPU 規模，竟已超過 10 億美元。更值得注意的是，黃仁勳指出，醫療保健產業實際上早在 15 年前就開始應用輝達的 GPU 進行研究。

正如研究人類語言促成了 ChatGPT 等語言模型的誕生，黃仁勳指出，AI 同樣有潛力深入研究並解析複雜的蛋白質結構。這種類比不僅展現了 AI 技術的靈活性，更凸顯了其在跨領域應用中的巨大潛力。

圖 3-12 ｜ 在醫療保健產業中使用輝達 **GPU** 的案例

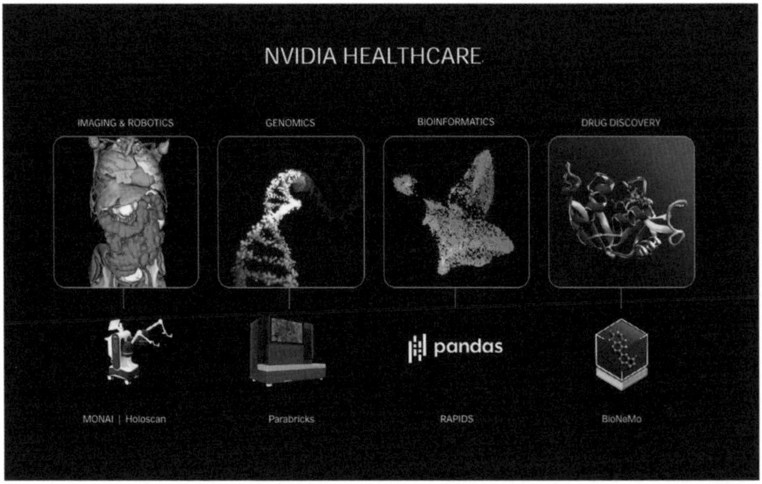

來源：輝達

輝達在醫療保健領域推出了兩款重量級 GPU 應用解決方案：BioNeMo 和輝達推論微服務（NVIDIA Inference Microservices，簡稱 NIM）。BioNeMo 是輝達專為 AI 驅動的新藥開發而設計的生成式 AI。它能夠分析 DNA 序列並預測藥物分子結構對蛋白質的影響。傳統新藥開發流程通常需要超過十年，耗資逾 20 億美元，且成功率不足 10%。而借助 BioNeMo，製藥公司有望大幅提高新藥開發的成功率。另一方面，NIM 作為專門針對推理領域的雲端服務，為新藥開發提供了加速推論微服務。這些服務涵蓋了高級影像處理、自然語言和語音識別、數位生物學生成、預測和模擬等關鍵功能。

2024 年 5 月，Alphabet 旗下的 AI 研究部門 DeepMind，發布了一款名為 AlphaFold3 的 AI 模型。AlphaFold 專注於運用深度學習算法以解決蛋白質折疊這一新藥開發中的關鍵難題。通過精確模擬蛋白質、DNA、RNA 等生物大分子的結構，AlphaFold3 能夠大幅縮短傳統實驗所需的時間，從而加速新藥開發進程。DeepMind 同時推出了「AlphaFold 伺服器」研究支持平台。這個平台大大降低了使用 AlphaFold3 的門檻。值得注意的是，無論是 AlphaFold3 還是其他尖端 AI 模型，其背後都是由輝達的 AI 晶片為這些模型的訓練提供了強大的算力支持。

輝達在 2024 年 GTC 大會上，宣布與 20 家業界翹楚建立戰略合作夥伴關係，包含通用電氣醫療（GE Healthcare）和強生（Johnson & Johnson）等醫療產業巨擘，彰顯了輝達在推動醫療科技創新方面的領導地位。此外，輝達同時積極投資醫療保健領域的新創公司，並提供技術指導，鼓勵這些創新者採用輝達的產

品和解決方案。這個戰略可以說明輝達的前瞻性思維：通過培育生態系統，輝達不僅能夠搶占新興市場，還能在未來醫療科技的發展中占據關鍵地位。

在新藥開發領域，AI 模型正迅速成為產業焦點。2003 年，黃仁勳在加州大學柏克萊分校哈斯商學院的一場演講中，道出了他對未來生物科技發展的深刻見解：

「下一次的革命將來自數位生物學。在人類歷史上，生物學現在有機會蛻變為一門工程學。當一個領域從科學轉變為工程學時，它將獲得指數級增長的機會。這是因為它可以在過去世代的成果基礎上，通過複利效應快速發展。」

傳統上，蛋白質新藥開發過程不僅耗資巨大，耗時漫長，更面臨著高度的不確定性。然而，隨著 AI 和高效能運算技術的發展，輝達的投資顯示他們正在開拓一個前所未有的新興領域。曾被認為只是半導體企業的輝達成為生物產業的核心企業，也許並非完全不可能。

打造一站式的服務

在 2024 年的 GTC 大會上，黃仁勳將演講的核心內容濃縮為五個關鍵要點。這五點不僅概括了輝達的最新技術突破，更勾勒出公司未來的戰略藍圖。首先，黃仁勳強調 AI 將催生全新的產業生態。其次，是 Blackwell 平台。第三點是 Omniverse 虛擬協作平台和 Isaac 機器人平台。然而，最值得關注的是最後兩個要點：NIM 和 NeMo 大型語言模型框架，以及「AI 鑄造廠」（AI foundry，即企業用 AI 模型客製化平台，或 AI 代工）概念。這清晰地表明，輝達正在經歷一次意義深遠的轉型 —— 從一家專注於硬體製造的科技公司，逐步邁向成為一家全方位的 AI 服務提供商。

NIM，全稱為「NVIDIA Inference Microservices」，是輝達

圖 3-13｜輝達 的 NIM 服務概述圖

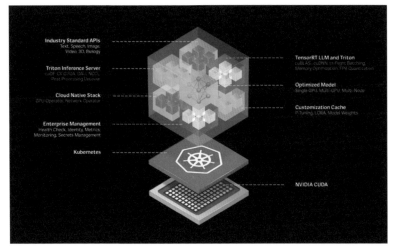

來源：輝達

　　為客戶提供的推論微服務。這一服務的重要性不容小覷，因為無論是訓練 AI 還是利用訓練好的 AI 向客戶提供服務，都需要強大的 GPU 支持。

　　以 2023 年風靡全球的 AI 畢業照服務為例，當客戶上傳自己的照片後，應用程式需要迅速生成各種版本的畢業照。這個過程依賴於預先訓練好的「畢業照 AI 模型」，該模型通過學習數以萬計的畢業照而建立。在實際使用中，模型需要部署在雲端服務提供商的資料中心，以處理大量客戶請求並快速輸出結果。這個過程屬於 AI 推論而非 AI 訓練。為了滿足用戶對速度的要求──通常客戶最多願意等待約 10 分鐘──推論階段必須使用 GPU 而非 CPU 來加速圖像生成。這正是 NIM 服務的優勢所在，它能夠

提供高效的推論能力，確保服務品質並留住客戶。

　　雲端服務供應商（CSP）提供 AI 推論服務所需的運算能力和大型語言模型（LLM）服務。輝達則透過其 NIM 模型直接提供類似服務。當客戶需要使用輝達 GPU 的運算能力或 LLM 服務時，可以直接與輝達聯繫。而 NIM 服務實際上使用的，是已部署在 CSP 的輝達 GPU。輝達引導客戶通過特定 CSP 使用這些資源，能為 CSP 帶來新用戶。這種模式使輝達能夠提供專業服務，同時 CSP 也能夠提高其 GPU 的使用率。輝達與這些 CSP 分享從客戶收取的使用費，形成了一種互利共贏的合作關係。

　　事實上，包括亞馬遜網路服務、微軟和谷歌等主要雲端服務供應商都在提供 NIM 服務。

　　NIM 是一種推論領域的服務，而 NeMo 和 AI Foundry 則針對 AI 學習和開發。企業客戶可以攜帶他們的數據來這裡，然後獲得支援以建立自己的 AI 模型。AI Foundry 整合了三大核心元素：輝達 AI 基礎模型、NeMo 框架和輝達 DGX 雲端。雖然 DGX 雲端和 NIM 一樣通過 CSP 的資料中心提供服務，但最大的不同在於 DGX 雲端提供的是超級電腦級別的運算性能。

　　2024 年 4 月，輝達收購了一家名為 Run:AI 的以色列新創公司。Run:AI 專門提供大規模 GPU 集群的高效營運服務，輝達計劃將 Run:AI 技術整合到 DGX 雲端服務中。這次收購被視為輝達擴展雲端業務的策略性舉措。如果 DGX 雲端能夠提供比 CSP 更具成本效益和效率的服務，就有可能會吸引更多客戶直接選擇輝達的平台。

　　輝達提供雲端服務並與其最大客戶 CSP 競爭的原因可從多

圖 3-14｜輝達的 AI 服務

推論（Inference）	訓練（Training）
NIM - 可在本地工作站或是資料中心部署 - 提供符合行業標準的 API，簡化 AI 應用的開發和集成過程 - 提供多種基礎模型服務	**AI Foundry** - AI 基礎模型：提供由輝達或其他公司製作的基礎模型 - NeMo 框架：為 AI 訓練提供各種工具，以方便開發客製化的生成式 AI - DGX Cloud：提供超級電腦級別的運算性能

方面解釋。這種情況類似三星直接經營獨立的家電產品店，消費者可以在線上、大型連鎖賣場（如 E-mart 或樂天超市）、百貨公司購買三星的家電產品，同時也能直接在三星的直營店購買。通過直營店，三星在與通路商的談判中能占據更有利的位置。在某種程度上，這與 CSP 們為了減少對輝達的依賴而直接設計 AI 晶片的情況相似。

　　另一個原因是為了輝達的持續成長，向雲端服務擴展已成必然。過去，輝達主要業務集中在遊戲用顯示卡的 B2C 市場，但現在資料中心部門已大幅成長，使其轉型為一家 B2B 企業。雖然超大規模資料中心的資本投資，預計會持續到 2024 年，但這波投資潮終將結束。這種以客戶需求為核心的「訂單產業」無可避免會遇到需求波動與資金壓力，從這個角度看，朝向能帶來穩

定收入的服務業務擴展是強化核心競爭力的選擇。

　　此外，為了支撐高漲的股價，在曾達到市值第一的情況下，絕對銷售額的增長變得至關重要。如果 2024 年第一季度的驚人營收能持續接近一年，那麼輝達的年度銷售額將達到 1,000 億美元。要進一步提高這一數字，擴展服務業務和進行併購將成為必要的策略。

輝達的 AI 產品發展史

閱讀有關輝達的文章時，會發現輝達有許多既有開發的產品，以及即將量產的新產品，因為它們各有複雜的代碼名稱，經常使讀者感到困擾。但事實上，這也是需要不斷開發新技術的半導體公司們的共同特徵。所以在這裡，讓我們簡單地回顧輝達最核心的資料中心用 GPU，也就是 AI 加速器的發展史。

2012 年，AlexNet 團隊在「ImageNet」比賽中獲勝時使用的 GPU，是輝達的 GeForce，這類消費級 GPU 在早期 AI 研究中扮演了重要的角色。但是，自從 2016 年推出 Pascal 架構 GPU，並基於此構建伺服器電腦 DGX-1 以來，輝達已開始正式設計用於 AI 訓練的專用 GPU。輝達以著名科學家的名字為這些 GPU 命名，如「Pascal」、「Volta」、「Ampere」、「Hopper」和「Blackwell」。基於這些架構設計製造的產品則使用字母加數字的命名方式，如 V100（基於 Volta 架構）、A100（基於 Ampere 架構）、H100

（基於 Hopper 架構）。通常，數字越大代表性能越高，如 200
比 100 的性能更強。

Pascal：P100

2016 年推出的 Pascal 架構，相比於前一代的 Maxwell 架
構，雖然電晶體數量略有減少（約 72 億個），但通過更先進的
製程和架構設計，實現了更高的性能。CUDA 核心使得大規模並
行運算成為可能，因此 GPU 能夠同時執行多個任務，這使得輝
達能夠將公司的業務重心從遊戲擴展到 AI 領域。CUDA 核心通
過將運算分散到數千個核心上，可以高效地訓練大規模神經網絡
並快速處理巨量數據。隨著架構的演進，CUDA 核心數量的增加
持續提升了 GPU 在各種工作負載下的性能。

Pascal 架構基於台積電的 16 奈米 FinFET 製程製作，並首次
引入了 NVLink 高速互連技術，這種技術允許多個 GPU 之間進
行高效的雙向通訊，大大提升了多 GPU 系統的性能。Pascal 產
品系列中提升 AI 加速器性能的另一個重要因素是引入了
HBM2。輝達在 Pascal 架構中首次採用 HBM2，並使用台積電的
CoWoS（Chip-on-Wafer-on-Substrate）封裝技術來有效連接
HBM2 和 GPU。

Volta：V100

2017 年推出的 Volta 是輝達一個重要的 GPU 架構，是專為

AI 加速和大規模訓練而設計。值得特別注意的是，Volta 引入了專為 AI、機器學習和深度學習設計的 Tensor 核心。Tensor 核心能高效處理張量和矩陣運算，大幅提升神經網絡的性能，並能實現混合精度運算。例如，可以將 32 位浮點數（Floating Point）轉換為 16 位浮點數，從而減少記憶體使用和數據傳輸量，並加快運算速度。這些改進使 AI 學習速度能顯著提升。

V100 的 CUDA 核心達 5120 個（CUDA 核心是 GPU 實體運算單元），能在同一時間執行大量平行運算任務，並透過 Tensor 核心提供特殊加速。NVLink 在這一代中也升級到了 2.0 版本，提高了 GPU 間的互聯效率。Volta 架構的旗艦產品 V100 配備了 32GB 的 HBM2 記憶體、900GB/s 的記憶體頻寬、215 億個電晶體，並基於 TSMC 的 12nm FFN（Fin Field Effect Transistor）製程製作。

微軟在 2020 年公開的其中一個超級計算機項目中使用了超過 10,000 個 V100 GPU。據悉，這種大規模 GPU 集群也被用來訓練 OpenAI 的 GPT-2 和 GPT-3。

Ampere：A100

2020 年 5 月發布的 Ampere 架構旗艦產品 A100，在同年 11 月的超級電腦大會 SC20 上正式推出。此後，這款 AI 加速器的銷售表現顯著提升，使輝達的資料中心業務在公司整體收入中的占比迅速增加。

A100 是一款具有多執行個體 GPU（MIG）功能的產品，能

將一個物理 GPU 動態分割成多個獨立的 GPU 個體，能夠同時執行多個任務且互不干擾。它支援高效運算所需的各種工作負載，並在雲端環境中提供極高的靈活性和擴展性。A100 最大的特點是，不同於過去主要用於 AI 訓練的 GPU，它將訓練和推論能力整合在一個晶片中。因此，在某些 AI 工作負載上，A100 展現了高達 20 倍的性能提升。

從這個時期開始，輝達便不再僅僅是一家生產 GPU 的公司，而是正式轉型為一家提供完整資料中心解決方案的公司，產品線涵蓋了伺服器、GPU 加速器及其互連技術。輝達在 2019 年收購了製作 NVLink 的 Mellanox，並將其垂直整合，以便提供更完整的資料中心解決方案。

據報導，OpenAI 的 ChatGPT 是使用數萬個 A100 進行訓練的。此外，韓國網路巨頭 Naver 在世宗市建造的資料中心「GAK 世宗」中的超級電腦「世宗」，也配備了 2,240 個 A100 GPU，可見 A100 在大規模 AI 和高效能運算應用中被廣泛採用。

Hopper：H100、H200

2022 年公開的 Hopper 架構 H100 晶片，其性能比前代 A100 提升三倍。A100 基本上不支援 8 位元浮點數運算（FP8），而從 H100 開始，可根據需求在 FP8 和 FP16 之間靈活切換。

DGX H100 利用 NVLink 技術將 8 個 H100 晶片連接成一個強大的 GPU 集群，提供 640 億個電晶體、32petaFLOPS 的運算能力、640GB 的 HBM3 記憶體，以及每秒 24TB 的記憶體頻寬。

H100 的核心優勢在於為基於 Transformer 模型的生成式 AI 提供最佳化的訓練和推論性能。輝達早已預見生成式 AI 的快速發展趨勢，通過與 OpenAI 和谷歌等領先企業的合作，著手開發 H100。2022 年 11 月，ChatGPT 用戶數在短時間內突破 1 億使用者大關，自 2023 年起，H100 便開始出現供不應求的情況。

H100 首次採用 HBM3 高頻寬記憶體，而後續的 H200 則升級為 HBM3E。值得注意的是，三星在 A100 及之前的產品中一直是輝達的 HBM 供應商，但從 H100 開始，已不再是獨家供應商。

Hopper 架構是輝達自主設計的資料中心用 CPU——Grace 與 GPU 協同開發的首款產品。自 Hopper 架構問世以來，輝達建議客戶同時採購 Grace CPU，以充分發揮兩者整合後帶來的高效能、高頻寬和高能源效率。

Blackwell：B100、B200

2024 年 3 月在 GTC 大會上公開的 Blackwell 是目前輝達公布的最新 GPU 架構，根據輝達的計劃，這一系列產品最快將於 2024 年底開始交付給客戶。

輝達表示，Blackwell 架構不僅能夠快速訓練參數規模從 10 億到 1 兆以上的模型，而且在性能方面有顯著提升。特別是 B200 型號，相較於目前廣泛使用的 H100，在訓練性能上提供了 2.5 倍的提升，在推論性能上更提高了 5 倍。

Blackwell 架構的一個重要創新是支援 4 位元浮點運算

（FP4）。這項技術旨在在保持計算準確度的同時，將記憶體所能支援的模型規模和性能提升一倍。這意味著在相同的硬體資源下，它可以處理更大、更複雜的 AI 模型。

輝達在 GTC 上發布的 GB200 NVL72 的伺服器系統，標誌著從 Blackwell 架構開始，首次將先前分開銷售的 GPU、CPU、InfiniBand 和 NVLink 整合為單一產品，反映了 AI 資料中心垂直整合的完成。

自 2016 年的 Pascal 架構到 2024 年的 Blackwell 架構，輝達的 GPU 使 AI 計算性能提升了 1,000 倍，同時將每個標記（token）的能耗降低了 45,000 倍。

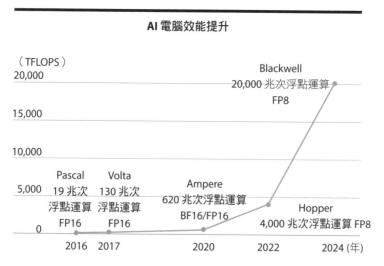

AI 電腦效能提升

（TFLOPS）

※ TFLOPS（Tera Floating-Point Operations Per Second, 或 TeraFLOPS）：
兆次浮點運算每秒，意指「1 兆次浮點運算每秒」。

● 在半導體性能評估中，浮點運算能力是一個關鍵指標。然而，浮點數本身並非 GPU 性能的直接指標，而是電腦表示數字的一種方法。在日常生活中，我們使用的實數由整數和小數部分組成，如 12.375。這個數字也可以表示為 1.2375×10^1，其中 1.2375 是尾數，1 是 10 的指數。

由於電腦使用由 0 和 1 組成的二進制系統運作，因此需要將十進制數轉換為二進制，並按照特定規則表示。以 32 位浮點數（FP32）為例，它分配 1 位給符號，8 位給指數，23 位給尾數。相比之下，64 位浮點數（FP64）分配 1 位給符號，11 位給指數，52 位給尾數。FP64 雖然計算時間較長，但能儲存更精確的數值。

而在深度學習領域，為了提高運算效率，常用的是 16 位浮點數（FP16），它使用 5 位指數和 10 位尾數。研究表明，使用 FP16 進行計算並不會顯著降低 AI 性能。甚至有些應用場景可採用精度更低的 8 位浮點數（FP8）。

nVIDIA
WAY

PART 4

不忘初心的
輝達文化

「我不信任那種『擁有資訊的人就擁有權力』
的企業文化。」

黃仁勳

打造未來導向的工作環境

　　輝達的總部位於美國加州矽谷心臟地帶——聖塔克拉拉市。
這個位於聖塔克拉拉郡的城市，與眾多科技巨頭為鄰，共同構築
了矽谷的創新生態系統。

　　輝達的企業園區由兩座別具意義的建築物所組成：
「Endeavor」（奮進號）和「Voyager」（航行者號），並且與
輝達早期使用的辦公空間相輔相成，共同構成一個充滿活力的企
業園區。奮進號是於 2015 年動工，於 2017 年完工。這座大樓的
命名靈感源自廣受歡迎的科幻經典《星際迷航》（Star Trek），
「Endeavor」不僅代表著努力和追求，更與美國國家航空航天局
（NASA）所打造的第六艘也是最後一艘太空梭同名。

　　當初在為建築物命名時，輝達採用了一個富有創意的命名方

圖4-1│輝達總部的奮進號與航行號

來源：輝達

案：以輝達（NVIDIA）的字母順序為基礎，同時融入科幻元素，為每一座新建築賦予獨特而富有意義的名稱。繼「Endeavor」之後，公司高層在尋找以「V」開頭的詞彙時，自然而然地想到了《星際迷航》中另一艘著名的星際飛船——「Voyager」。「Voyager」也與 NASA 於 1977 年發射的深空探測器同名。

值得關注的是，輝達最近在印度科技樞紐——班加羅爾新落成的大型辦公樓，也以「Discovery」（發現）為名。這不僅延續了公司的字母順序策略，也再次向《星際迷航》致敬。其實不只是大樓，輝達甚至連內部的會議室名字，都以科幻小說為主題來命名。

輝達巧妙地將公司形象、科技探索精神與流行文化結合，更

向全球傳遞了一個清晰而有力的訊息：輝達將持續擔當科技先驅，為人類開啟充滿無限可能的新未來。

融入溝通哲學的建築設計

奮進號和航行者號不僅是辦公空間，更是輝達文化與創新理念的實體化表現。這兩座由輝達親自設計並建造的建築，體現了創辦人黃仁勳對企業文化、組織哲學以及核心目標的深刻思考，將協作和溝通的理念融入每一個細節。

奮進號採用獨特的「龜殼」式設計，辦公區域環繞著中央公共工作區域。這種開放式設計旨在打破傳統封閉式辦公空間的局限，為員工營造一個宛如大型馬戲團帳篷或演出場地的工作環境。大樓最引人注目的特色是遍布的三角形窗戶和地磚，這不僅有效解決了開放空間的聲學問題，更巧妙地呼應了輝達的技術根基──3D 圖形的基本單位「多邊形」。這一設計理念貫穿整個建築，時刻提醒員工不要忘記公司在 AI 熱潮前的核心競爭力。

吸取了奮進號的設計經驗，航行者號在設計上更加注重實用性。大樓中央的「山峰」──一座三層樓高的特殊建築，為員工提供了一個獨特的交流空間，爬樓梯的過程宛如登上小山丘，激發員工們的創意思維。

值得一提的是，輝達巧妙運用了自家的數位孿生技術，優化了航行者號的聲學和採光設計，有效避免了奮進號中出現的問題。這不僅展示了輝達技術的實際應用，也體現了公司持續改進

的精神。

奮進號主要容納財務、管理等行政部門，而航行者號則是半導體和軟體研究人員的創新基地，允許進行封閉式研究。「山峰」中央的小舞台，為全公司員工提供了舉行大型會議的理想場所。截至 2024 年，輝達全球員工已達 3 萬人，其中約 1 萬人在矽谷地區工作。

這兩棟建築物的核心設計理念，是刻意增進員工之間的偶遇機會，以此激發創意火花。空間的布置確保員工在日常活動中，能夠頻繁接觸來自不同部門的同事。電梯被刻意安置在角落，鼓勵員工們使用樓梯，以增加彼此交談的機會。兩棟建築通過天橋相連，僅需三分鐘步行即可往返，促進跨團隊互動。

儘管輝達投入大量資源打造這些促進面對面協作的辦公空

圖4-2│從三樓俯瞰航行者號的全景

來源：輝達

間，卻採取了一種令人驚訝的靈活工作政策：不同於許多矽谷企業強制要求員工每週到辦公室工作 2～3 天，輝達允許員工自主決定是否到辦公室工作。黃仁勳展現了對員工的高度信任，他相信「如果親自見面工作更有效率，員工們即使不被要求也會自願進辦公室」。輝達獨特的企業文化是支撐這項政策的基礎，就如同他們的建築一樣獨樹一格。

結合矽谷與東亞特質的
文化血液

矽谷以其先進的企業文化聞名全球。從新創企業到科技巨擘，普遍存在著鼓勵員工自主性、勇於挑戰、容許失敗的風氣。

而輝達仍從其中脫穎而出，被認為是矽谷最具特色的企業文化代表之一。黃仁勳解釋道：「在輝達，資訊平等是我們的基石。」在常規企業中，資訊往往隨著職級攀升而累積，以致成為權力的來源。然而，輝達顛覆了這一慣例。無論是專案經理還是團隊成員，只要參與該專案，都能全面掌握相關資訊。這種理念也體現在公司的會議文化中，他們傾向於舉行全體成員參與的會議，而非封閉式的一對一會談。

一位在輝達工作的韓籍工程師分享道：「資訊的高度透明，使得公司內部難以形成資訊霸權。因此，管理層對員工的控制力

相對有限。」這種扁平化的組織結構促進了以專案為中心的團隊組建模式。員工有機會申請參與自己感興趣的專案，這不僅提高了工作效率，也大幅提升了員工滿意度。

專案導向的運作模式使領導者的招募能力變得至關重要。那些善於幫助團隊成員、而非推諉工作或互相攻訐的專案經理人，當然更受歡迎，也更容易吸引優秀人才加入團隊。這種良性循環在整個組織中形成了一種獨特的友善氛圍。

2024 年《財富》雜誌評選的「100 間最適合工作的公司」中，輝達榮登第三位。更令人矚目的是，高達 97% 的員工表示為在輝達工作而感到自豪。此外，黃仁勳的領導魅力也得到了員工的高度認可。在 2023 年 10 月 Blinde 公布的「員工對執行長的喜好調查」中，黃仁勳以 96% 的驚人支持率摘得桂冠，遙遙領先排名第二、支持率為 88% 的沃爾瑪執行長道格・麥克米倫（Doug McMillon）。

保持速度和靈活

被稱為「3 兆男」的黃仁勳，以其標誌性的黑色皮夾克和開放的溝通風格而聞名業界。

黃仁勳獨特的管理方式中，最引人注目的莫過於「Top 5 things」制度。在輝達，無論職級高低，每位員工都有機會直接向黃仁勳傳達對公司決策的意見或建議。無論是誰，只要將自己認為最重要的五件事，透過 e-mail 發送給黃仁勳，他都會親自閱

讀並回覆。據悉，黃仁勳每天清晨都會審閱多達 100 封「Top 5 things」郵件，充分體現了他對員工意見的重視。

這種平易近人的特質在媒體互動中也表露無遺。筆者有幸參與 2024 年的 GTC 大會，見證了黃仁勳獨自應對全球記者長達兩小時的提問。值得一提的是，這並非單一特例，而是他多年來堅持的慣例。更令人印象深刻的是，他能夠記住每年與會記者的姓名，並在互動中準確稱呼。會後，黃仁勳更是慷慨地滿足記者們合影留念和簽名的要求。在筆者接觸過的眾多矽谷科技巨頭執行長中，黃仁勳無疑是對媒體最友善坦誠的一位。

此外，黃仁勳對所謂的長期計劃也有其獨特的看法，他堅信

圖 4-3｜在 GTC 2024 上的黃仁勳簡直像是明星

給予員工充分的自主權很重要，因為僵化的長期計劃可能會壓抑創新與適應性。他說：「我們不制定常規的年度計劃，原因是世界是動態的。我們既沒有五年計劃，也沒有一年計劃，只專注於當下。」

　　這種策略靈活性體現在輝達對 Tegra 業務的調整上。最初輝達是為了擴大移動設備市場份額而開發 Tegra 晶片，但在智慧型手機市場競爭白熱化後，輝達果斷調整了策略方向。黃仁勳深信，維持扁平化的組織結構，同時保持團隊規模精簡、反應迅速且高效運作，是驅動持續創新的關鍵。

圖 4-4｜黃仁勳親自在會議中使用白板做圖示紀錄

來源：輝達

黃仁勳對效率的追求在高層會議中表現得尤為明顯。他偏好
進行即時討論，甚至會親自在白板上繪製流程圖，並要求與會成
員能夠立即提供所需的數據和細節。在這樣的會議中，「我再詢
問下屬」或「我稍後回覆」是不被接受的。據悉，黃仁勳每天親
自發送數百封電子郵件給員工，如果回覆速度太慢，他會不太滿
意。這種工作方式不僅體現了他對效率的重視，也塑造了輝達快
速決策和執行的企業文化。

　　有人認為，輝達成功融合了矽谷的創新精神和東亞企業穩定
性的特質。扁平化組織、開放的資訊交流、誠實溝通，以及重視
員工的自主性等，是典型的矽谷特色。相反地，不輕易裁員，鼓
勵長期任職等，則是東亞企業的典型風格。

　　輝達唯一一次進行類似矽谷大規模裁員的情況，是在 2008
年金融危機期間（當時裁減了 350 人，約占全球員工的 6.5%）。
在以高頻跳槽和裁員聞名的矽谷，輝達被視為就業穩定性最高的
企業之一。這種穩定性不僅限於總部，在韓國等海外分公司，許
多員工的任職時間也都超過了 10 年。

　　當然，隨著輝達的股價不斷上漲，員工們得到了豐厚的回
報，也是因素之一。但更重要的是輝達獨特的組織文化，這種文
化不僅留任了人才，更成為推動輝達躍升為市值最高科技公司的
關鍵因素之一。儘管創始人兼執行長黃仁勳的遠見和領導力無可
替代，但工程師們自主創新的貢獻同樣功不可沒。

　　黃仁勳曾在日本京都分享了一個深刻影響他職業理念的經
歷。他回憶道，有一次在京都的一座花園裡，他遇見了一位老
人。那位老人在炎炎夏日中，正用一把小竹夾子仔細地清理枯萎

的苔蘚。當黃仁勳問及如何用這麼小的工具管理如此廣大的花園時，老人平靜地回答：「我有的是時間。」

　　黃仁勳表示，這位老人的案例是他能給出的最佳職業建議，他說：「找到自己擅長的事情，並在那裡全力以赴。」這個理念完美詮釋了輝達的企業文化精髓——讓員工發現自己的專長，並熱情專注地投入其中。正是這種文化，成就了輝達的與眾不同。

韌性來自痛苦的祝福

隨著黃仁勳在全球科技業界崛起為偶像，出現了「Jensanity」（台灣譯為「仁來瘋」）這個詞。這個詞是他的名字「Jensen」和代表瘋狂的單詞「Insanity」的結合。回想起他帶領一家只剩下 30 天可活的新創公司，在 30 年間經歷失敗與成功，克服各種困難和波折，最終將其推上全球最有價值企業之一的過程，突然覺得「瘋狂」這個詞似乎並不為過。他擁有什麼樣的人生觀和經營哲學？是什麼成就了今天的他？

黃仁勳的生活觀如果用一句話來總結，可以用「那些殺不死我的，使我更強大」來概括。這句話出自德國哲學家尼采之口。黃仁勳曾在史丹佛大學的一次演講中這樣闡述：

「成功不是來自於智慧，而是來自於性格，而性格是經歷苦難塑造出來的。我的最大優勢是，我的期望值很低。作為史丹佛的畢業生，你自然而然會有很高的期望。然而，對自己期望很高的人，復原力卻很低。很不幸地，韌性對於成功來說至關重要。因此，我希望你們在未來能經歷大量的痛苦和磨難。」

黃仁勳的這種思維方式頗具東方哲學色彩。就像武俠小說中的主角經歷艱辛磨難後最終成為絕世高手，黃仁勳認為痛苦是成長不可或缺的元素。在他的哲學中，從挫折中站起來的韌性是成功的關鍵。

然而，培養這種能力需要經歷許多挫折和痛苦。換言之，對於渴望成功的企業家而言，痛苦反而可能是一種祝福。這樣的想法與他的親身經歷密切相關——在創業過程中，公司多次瀕臨破產，幾乎被強大競爭對手的策略擊垮。儘管如此，他仍然為了生存而不懈奮鬥。

克服挫折，方能成就非凡

2024 年 6 月，黃仁勳受邀參加加州理工學院（Caltech）的畢業典禮。在演講中，他分享了面對挫折的智慧：「最佳應對之道便是甩掉它（shake it off）。」

「我希望你們能將挫折視為新的機會。痛苦和挫折會淬煉你們的品格、韌性和適應力，這些將成為你們最強大的競爭優勢。

圖 4-5｜黃仁勳在加州理工學院畢業典禮上致辭

來源：輝達

在我最珍視的能力中，智力並非首要。真正的超能力在於：承受挫折的耐力、持續專注的毅力，以及在逆境中發現機會的洞察力。這是我的超能力，我希望這也是你們的超能力。」

然而，如果人生只有痛苦，人就會感到疲憊不堪。黃仁勳認為，儘管經歷痛苦和挫折，最終到來的成功才使生活變得有意義。在接受《Wired》雜誌採訪時，他分享了關於創業的獨特見解：

Q｜在另一個播客中，你說如果能再次回到三十歲，你絕對不會創業，這是什麼意思呢？

A｜如果當時我知道現在知道的所有事，可能會因為太害怕而無法行動，也可能就不會創業了。

Q │ 所以要創業的話，是不是需要有一定程度的妄想呢？

A │ 這就是無知的好處。你一開始根本不知道這有多困難，也不知道會伴隨多少痛苦和磨難，所以才能創業。

Q │ 在經營輝達的過程中，你必須承受的最大犧牲是什麼？

A │ 其實所有企業家都面臨同樣的犧牲。要領導一家公司，你必須非常、非常努力工作。有很長一段時間，根本沒有人認為我會成功。不安、脆弱，有時甚至是屈辱，這些都是真實存在的。但沒有人討論這些事，執行長和企業家也都是人，公開失敗的話，難免會感到尷尬。如果有人問我：「Jensen，你現在擁有一切，這樣不會讓當時的你想要開始這個事業嗎？」我會這樣回答：「不、不，當然不會。」但如果問：「那時候如果知道輝達會變成現在的樣子，你還會創業嗎？」那麼即使犧牲一切，我也要創辦這家公司。

創業的過程是痛苦的，有很多孤獨和屈辱的時刻。但黃仁勳認為，只要最終能夠取得成功，那麼這些痛苦就是有意義的，因為他非常重視結果。不管過程多麼重要，最終還是必須「勝利」才有意義。他這樣的人生哲學，從某種角度來看，頗為「東方」，人必須克服痛苦、忍受枯燥，才能成功。這種哲學或許很難得到韓國和美國年輕一代的認同。

儘管如此，黃仁勳成功地將東亞企業文化的優點（如堅韌、勤奮）與矽谷企業文化的優勢（如創新、靈活）相結合，創造了令人矚目的成功，造就了現在的輝達。

引領 AI 創新的輝達人才

輝達這個組織可以說是由黃仁勳「單獨」領導的組織。儘管他是執行長,但他也非常了解並仔細關注公司的所有細節。直接向黃仁勳匯報的主管多達 50 人,這個數字遠超過一般企業中直接向執行長報告的 10 至 20 人。此外,在矽谷的上市公司中,創始人仍擔任執行長的情況並不常見。

除了黃仁勳之外,外界很少看到輝達的其他高階主管露面。隨著輝達成為全球最有價值的企業之一,許多公司爭相與其合作,這些高階主管們的角色和重要性也隨之提升。例如,要選擇使用 SK 海力士、三星還是美光科技(Micron Technology)的HBM;要決定在台積電還是三星代工廠生產特定產品,或是最新GPU 的優先分配對象等重大決策,都取決於這些主管。因此,

了解輝達的主要高階主管和研究人員變得越發重要。多年來，許多人看好輝達的潛力而加入，並持續在公司發揮重要作用。

這些人讓輝達成就輝煌

輝達的成功可分為進入資料中心業務前後兩個階段，其管理層也相應地可劃分為兩類：一類是創建傳統遊戲用 GPU 市場的主力，另一類則是開拓資料中心用 GPU 市場的核心人物。

輝達的共同創辦人克里斯‧馬拉喬斯基和負責 GeForce 業務的資深副總裁傑夫‧費舍爾（Jeff Fisher），就是前者的典型代表。他們在建立輝達於遊戲 GPU 市場的領導地位方面功不可沒。

後者則以副總裁伊恩‧巴克（Ian Buck）、首席技術官邁克爾‧凱根（Michael Kagan），和資深副總裁凱文‧迪爾林（Kevin Deierling）為代表。其中，伊恩‧巴克副總裁作為 CUDA 的創造者，現負責輝達最核心的加速運算部門，在公司向資料中心業務轉型中發揮了關鍵作用。

值得一提的是，來自 Mellanox 的團隊在超級計算機和資料中心產業擁有豐富經驗，為輝達轉型為資料中心公司做出了巨大貢獻。他們的加入不僅帶來了寶貴的行業知識，還為輝達的業務擴張提供了新的視角和策略。

輝達的關鍵人物

- 克里斯・馬拉科斯基（Chris Malachowsky）：與黃仁勳一起創立了輝達。他長期在技術領域擔任主管，現在是高階技術主管。

- 邁克爾・凱根（Michael Kagan）：擔任首席技術長（CTO），在輝達收購以色列企業 Mellanox 時加入。來自以色列，曾在英特爾以色列分公司擔任半導體工程師。與其他來自英特爾的工程師們一起創立了一家名為 Mellanox 的網絡電纜公司並獲得成功。

- 傑伊・普里（Jay Puri）：負責全球現場運營，相當於行銷和業務總監。他與輝達創始人都有在昇陽電腦工作的經歷。2005 年加入輝達後，繼續專注於業務和行銷工作。

- 黛博拉・蕭奎斯特（Debora Shoquist）：擔任營運執行副總裁，主要負責輝達的製造和供應鏈管理。自 2007 年加入公司以來一直負責這項工作。由於輝達沒有自己的製造設施，她的工作包括管理晶圓代工廠和主要供應商關係，在當前市場環境下擁有極大影響力。

- 布萊恩・凱勒赫（Brian Kelleher）：GPU 工程部門資深副總裁，是公司最重要的工程職位之一。他於 2000 年在輝達收購 3dfx 時加入，自 2005 年起擔任現職。

- 德懷特・迪爾克斯（Dwight Diercks）：軟體工程高級副總裁。1994 年輝達成立初期就加入公司，工作超過 30 年。自 2008 年起擔任軟體工程資深副總裁，領導龐大的團隊。

圖 4-6｜運營總監黛博拉・蕭奎斯特（左）與副總裁伊恩・巴克（右）

來源：輝達

- 凱文・迪爾林（Kevin Deierling）：擔任網路資深副總裁。他與邁克爾・凱根一樣，都是在輝達收購 Mellanox 時加入公司的。網路產品原本是 Mellanox 的核心業務，包括 InfiniBand 等用於資料中心內部電腦連接的技術。此外，迪爾林的部門還負責 DPU 的業務。這些產品在現代資料中心和高效能運算環境中扮演著關鍵角色，反映了輝達透過收購 Mellanox 擴展其在資料中心基礎設施領域影響力的戰略。

- 科萊特・克雷斯（Colette Kress）：自 2013 年起擔任首席財務長（CFO）。在加入輝達之前，她曾在微軟和思科工作。克雷斯經常與黃仁勳一同出席輝達的業績發布會，負責向投資者解釋公司的財務狀況。

- 伊恩・巴克（Ian Buck）：加速運算部門的副總裁兼總經理。他主管超大規模和高性能運算領域，這是目前引領輝達高速成長的核心部門。巴克被譽為「CUDA 之父」，他主導開發的 CUDA 技術可說是輝達的經濟護城河。巴克擁有普林斯頓大學和史丹佛大學的學位，自 2004 年起在輝達工作。

- 比爾・達利（Bill Dally）：擔任首席科學家，是並行計算機領域的世界頂級學者之一。達利在建立輝達 GPU 理論框架方面發揮了關鍵作用。他擁有多所知名大學的學位，曾在麻省理工學院和史丹佛大學任教。達利發表了大量論文，擁有眾多專利，並撰寫過多本教科書。他獲得了多項重要獎項和榮譽，包括美國國家工程院院士等。作為首席科學家，他負責進行前瞻性研究，為輝達的長期技術發展奠定基礎。

- 傑夫・費舍爾（Jeff Fisher）：GeForce 業務的資深副總裁。他自輝達 1994 年成立初期就加入公司，對於將 GeForce 發展成為輝達的核心業務至為關鍵。

輝達的股價飆升使得這些高層管理人員都累積了巨額財富。除了黃仁勳成為世界最富有的人之一外，其他高階主管也持有大量公司股票。例如，首席財務官科萊特・克雷斯持有約 64 萬股，傑伊・普里持有約 53 萬股，黛博拉・蕭奎斯特持有約 30 萬股。這反映了矽谷以股票作為報酬的文化，以及輝達鼓勵員工長期任職的策略。

對新創加大投資

　　輝達積極與新創公司合作，原因多元而深遠。首先，這些新創公司是輝達的潛在客戶，可能為輝達開拓新的市場。其次，新創企業在開拓新產業的同時，有助於輝達預測技術發展趨勢。不僅如此，對新創公司的投資還具有扶植中小企業的社會貢獻意義。因此，深入了解輝達直接投資的新創公司，我們可以洞悉輝達「認可」的產業類型，以及他們現在看重的未來發展機會。

　　輝達內部設有名為「NVIDIA Ventures」（輝達創投）的企業風險投資（CVC）和業務開發團隊，雙方攜手進行新創企業的投資。在矽谷科技圈中，輝達被視為能夠挑選最具潛力新創企業的公司之一。值得注意的是，成功的新創企業創辦人往往有權選擇自己的投資者，而近期創辦人們最青睞的投資方正是輝達。

輝達投資了誰？

———————

　　輝達投資的新創企業大致可分為五個領域，首先就是 AI 模型開發商：這類企業主要使用輝達 GPU 進行 AI 訓練，同時也是輝達的重要客戶群。第二種是 AI 應用開發商：這些公司利用現有 AI 模型開發應用程式，雖然他們使用輝達 GPU 的規模相對較小。第三種是 AI 基礎設施提供商：這一類別包括提供 AI 訓練所需框架、數據，以及通過雲端服務提供 GPU 算力的企業。第四種是機器人技術公司，第五種是生物科技／醫療保健公司。這五種領域展現了輝達的戰略布局和市場洞察

　　以下是關於輝達投資的主要新創公司的介紹。

1. AI 模型開發公司

- Inflection AI：Inflection AI 是由穆斯塔法・蘇萊曼
  （Mustafa Suleyman）在 2022 年創辦的公司，他與德米斯・哈薩比斯（Demis Hassabis）共同創辦了 DeepMind。
  蘇萊曼在 DeepMind 被 Google 收購後加入了 Google，並在
  Google 主導了 AI 模型的開發。Inflection AI 創造了一個名
  為「Pi」的 AI，類似於 ChatGPT，但在 2024 年將加入微
  軟。微軟將蘇萊曼和公司的 AI 人員整體招聘進了公司。
  目前，雖然在法律上這間公司仍然獨立存在，但實際上可
  以看作是微軟的一部分。2023 年 6 月，Inflection AI 獲得
  了 13 億美元的投資，使其估值達到 40 億美元。

- Adept：是一家專注於開發企業級 AI 解決方案的新創公司。創始團隊包括尼基・帕爾馬爾（Niki Parmar）和阿希什・瓦斯瓦尼（Ashish Vaswani），他們是《Attention Is All You Need》論文的共同作者，該論文也提出了 Transformer 模型，為現代大型語言模型奠定了基礎。兩位創始人曾任職於 Google 和 OpenAI 等科技巨頭，為 Adept 帶來了豐富的行業經驗和前沿技術。Adept 的發展速度驚人，僅在 2023 年 3 月便以約 10 億美元的估值籌得 3.5 億美元的投資。然而，繼 Inflection AI 被微軟收購之後，Adept 亦於 2024 年 6 月宣布正式併入亞馬遜。
- Cohere：同樣致力於企業級 AI 解決方案的開發，由

圖 4-7｜現任微軟 AI 總負責人穆斯塔法・蘇萊曼（Mustafa Suleyman）

來源：穆斯塔法・蘇萊曼／X 帳號

《Attention Is All You Need》論文的共同作者：艾丹·戈梅斯（Aidan Gomez）於 2019 年創立。Cohere 的發展軌跡同樣引人矚目，在 2023 年 6 月的融資輪中，公司以 22 億美元的企業估值成功募得 2.7 億美元的投資。

- Mistral AI：由前 Meta 法籍 AI 工程師於 2023 年創立，由於總部位於法國巴黎，而非美國矽谷，因此迅速成為歐洲 AI 模型開發領域的代表性公司。截至 2024 年 6 月，Mistral AI 以驚人的 60 億美元估值吸引了 6.4 億美元的投資，展現出驚人的成長速度。以 2024 年 6 月為基準點，Mistral AI 無疑已躋身全球最成功的 AI 新創企業之列。

- AI21 Labs：是一家成立於 2017 年的以色列科技新創公司，在 ChatGPT 掀起全球熱潮之前，該公司就已開始著手開發大型語言模型。2023 年 8 月，AI21 Labs 的企業價值攀升至 12 億美元，並在現有投資者的支持下，額外獲得了來自谷歌和輝達等科技巨頭的 1.55 億美元投資。值得注意的是，AI21 Labs 還公開發布了基於名為 Mamba SSM 新型架構的 Jamba AI 模型，展現了該公司在 AI 技術創新方面的實力。

2. AI 應用程式開發商

- Twelve Labs：是一家由韓裔企業家 Jae Lee 與其他韓裔創業者於 2021 年共同創立的新興科技公司，專注於語音 AI 技術的開發。該公司在 2024 年 6 月迎來重大突破，成功籌得 5 億美元的投資，是韓國裔創業者中最成功的 AI 新

創企業之一。

- Runway：總部位於紐約的科技公司，專精於開發 AI 影片編輯工具和影片生成模型。該公司由擁有豐富影片製作經驗的專業團隊組建，雖為新創企業，卻已在影片領域具備非凡實力。在 2023 年 6 月的融資中，以 15 億美元的估值成功募集 1.41 億美元投資。

- Luma AI：是一家專注於 AI 影片生成技術的新創公司，以其標誌性產品「Dream Machine」聞名業界。該公司由前蘋果公司員工 Amit Jain 與 AI 研究員 Alex Yu 於 2021 年共同創立，在 2024 年 1 月的融資輪中，以約 2 億美元的估值成功籌得 4,300 萬美元投資。

圖 4-8｜創立 Twelve Labs 的 Jae Lee

來源：Jae Lee／X 帳號

3. AI 基礎設施公司

- Databricks：於 2013 年由 Apache Spark 框架的創始人與開發者們共同創立。在 AI 風潮興起前，Databricks 就吸引了大量投資。2023 年 9 月，以 430 億美元的驚人估值獲得 5 億美元融資，年營收據報已達 16 億美元。輝達於 2023 年對 Databricks 進行戰略投資，雙方在多個領域展開深度合作。值得注意的是，Databricks 開發的大型語言模型 DBRX 正是借助輝達的雲端 AI 服務打造，並在其平台上提供服務。

- Hugging Face：由 AI 研究人員和開發者組成的創新社群，已成為開源 AI 模型和數據的重要平台。除了分享資源，Hugging Face 還提供 AI 訓練服務。2023 年 8 月，公司以 45 億美元的估值籌得 2.35 億美元融資。

- CoreWeave：專注於 GPU 雲端服務，為企業提供高性能運算解決方案。不同於 AWS、Azure 等綜合型雲端服務商，CoreWeave 將主要精力聚焦於 GPU 服務，這正是其獨特競爭優勢所在。公司直接從輝達採購 GPU，自建並運營資料中心，以確保最佳性能。截至 2024 年 5 月，CoreWeave 的估值已飆升至 190 億美元，並獲得 11 億美元的巨額投資。

- Replicate：專注於將多種 AI 模型以 API 形式提供給企業客戶，與大型雲端服務商的 AI 推論 API 業務形成直接競爭關係。2023 年 12 月，Replicate 以 3.5 億美元的估值成功籌集 4,000 萬美元資金，為其快速擴張提供了強勁動力。

- Scale AI：提供數據標註服務，以及基於人類反饋的強化訓練解決方案。公司的客戶陣容十分強大，包括知名的

圖 4-9｜獲得輝達投資的 CoreWeave

OpenAI，後者的 ChatGPT 就是委託 Scale AI 進行相關工作。2024 年 5 月，Scale AI 以 138 億美元的驚人估值籌得 10 億美元融資，進一步鞏固了其在 AI 基礎設施領域的領先地位。

4. 機器人技術

- Serve Robotics：是一家專門研發自動駕駛配送機器人的公司。它原本隸屬於餐飲外送服務公司 Postmates，後來在 Postmates 被 Uber 收購後獨立分拆。該公司於 2024 年 4 月成功在納斯達克上市。截至 2024 年 6 月，其企業價值已達 6,749 億美元。

- Figure AI：是由連續創業家布萊特‧艾德科克（Brett Adcock）於 2022 年創立的類人型機器人開發公司。該公

司目前開發出市場上最受矚目的類人型機器人之一，並在2024 年 2 月獲得了包括輝達、微軟、英特爾、OpenAI 和亞馬遜等科技巨頭的投資。截至最新一輪融資，Figure AI 的企業價值已達 26 億美元，累計獲得的投資金額為 6 億7,500 萬美元。對於正積極拓展機器人業務的輝達而言，這無疑是一項具有戰略意義的長期投資。

5. 生物／醫療保健

- Inceptive：是一家新興的醫療科技公司，同樣是由《Attention Is All You Need》論文的共同作者之一：雅各布·烏斯科雷特（Jakob Uszkoreit）所創立。該公司致力於運用 AI 技術，在新藥研發領域推動創新突破。2023 年9 月，Inceptive 完成了一輪重大融資，以 3 億美元的企業估值獲得了 1 億美元的投資。

邁向永續未來的決心

黃仁勳多次在公開場合闡述，該公司的加速運算技術不僅具備卓越性能，在能源效率方面更優於傳統方式，堪稱永續運算的典範。這番言論其實正是在回應外界對 AI 訓練過程中，資料中心需耗費大量電力並消耗巨量水資源進行冷卻的批評。

也因如此，輝達在開發下一代 GPU 時，特別著重於降低耗電量。降低電力消耗不僅能減少熱能產生，更能有效降低碳排

放。根據輝達官方數據，截至 2024 財年，公司使用的能源中已有 76% 來自可再生能源。更令人鼓舞的是，他們的目標是在 2025 年實現 100% 使用可再生能源。

在公司治理結構方面，輝達也展現了卓越的平衡性。最引人注目的是其董事會的性別比例，男女各占一半。儘管受限於半導體行業的特性，公司全球員工中男性仍占 75.6%，女性占 23%，但輝達堅持在高階管理團隊中保持 40% 的女性比例，彰顯其促進職場性別平等的決心。

目前，輝達的全球員工總數約 3 萬人，其中半數位於美國。值得注意的是，21.3% 的員工分布在中東和歐洲地區（包括以色列），而亞太地區和印度則分別佔 17.1% 和 11.2%，顯示出公司的國際化布局。

輝達不僅在全球範疇推動多元化，在美國總部也致力於促進種族多樣性。亞裔員工（包括中國、印度、韓國裔）以 55.9% 的比例居首，白人員工占 30%，拉美裔員工則占 5.3%。雖然亞裔和男性員工比例偏高是矽谷科技公司的普遍現象，但輝達為縮小薪資差距（包括性別和種族間的差異）付出了巨大努力。截至 2024 年，員工離職率僅為全球平均的 2.7%，整體員工中有 3.2% 是身障人士，退伍軍人占 1.5%。

輝達對性別平等的重視甚至體現在產品命名上。過去，公司常用著名男性科學家的名字來命名其架構，例如：Nikola Tesla（尼古拉・特斯拉）、Blaise Pascal（布萊茲・帕斯卡）、Alessandro Volta（亞歷山德羅・伏打）、Alan Turing（艾倫・圖靈）和 David Blackwell（大衛・布萊克威爾）等。然而，從

2022 年開始，輝達開始採用傑出女性科學家的名字來命名其產品，其中包括：電腦科學先驅 Ada Lovelace（艾達・勒芙蕾絲）、程式設計語言發明者 Grace Hopper（葛蕾斯・霍珀）、天文學家 Vera Rubin（薇拉・魯賓）等。特別是輝達還制定了一套獨特的命名規則：女性科學家的姓氏用於 GPU 產品，而名字則用於 CPU 產品，這一創新始於對 Grace Hopper 的致敬。這種命名策略的意義遠超過單純的品牌塑造，有效地提高了公眾對那些鮮為人知卻貢獻卓著的女性科學家的認知。

公司的成長與慈善並行

黃仁勳在俄勒岡州立大學求學期間，結識了日後成為其人生伴侶的羅莉・黃（Lori Huang）。據悉，羅莉・黃一直是黃仁勳事業發展與願景實現的堅定支持者。2007 年，這對夫婦共同創立了「黃仁勳與羅莉・黃基金會」（Jen-Hsun & Lori Huang Foundation），並持續將所持有的輝達股票注入該基金會。根據非營利組織投資績效分析公司 Foundation Mark 執行長約翰・塞茨（John Seitz）的評估，黃氏夫婦所捐贈股票，其當前市值已攀升至 80 億美元。

基金會的影響力遍及全球，與輝達公司攜手合作，共同向 58 個國家的 6,000 個非營利機構捐贈了總計 4,000 萬美元。這一數字凸顯了黃氏夫婦與輝達在全球範圍內推動社會公益的決心。

在教育領域，黃仁勳透過基金會向母校史丹佛大學捐贈了

圖 4-10｜輝達員工 2023 年的慈善成果

43%
參加了
inspire 365

員工的捐款達
1,600 萬美元

參加志願服務
活動的員工佔
12%

超過 39 萬小時
志工服務
時間／價值
400 萬美元

來源：輝達

3,000 萬美元，建設了「黃仁勳工程中心」。此外，他還向奧勒岡州立大學捐贈了 5,000 萬美元，目標在 2026 年完工，以創設研究中心，預計 2026 年完工。這些捐款聚焦於工程和科學領域，旨在培養下一代科技人才。

　　除了執行長的捐款外，輝達員工們的公益熱情同樣令人矚目。輝達內部一個名為 Inspire 365 的社會公益計畫成效斐然，吸引了約 43% 的員工參與，他們捐出的款項總計達到 1,600 萬美元（約新台幣 5 億元）。輝達更推出 1：1 配捐政策，即公司會按照員工的捐款額度進行等額配捐，每名員工每年最多可獲得 1 萬美元的公司匹配捐款。意思即：員工若捐出 1 萬美元，輝達同樣會捐出 1 萬美元。此外，輝達員工還親身投入志願服務，累計貢獻了相當於 3 萬 9 千小時的志工時數，估計價值約 400 萬美元。

nVIDIA
WAY

PART 5

晶片之戰下的輝達，
前景如何？

「輝達現在是地球上最重要的股票。」

高盛

輝達會重蹈思科的
覆轍嗎？

2024 年伊始，輝達股價如破竹般攀升，但在 3 月的 GTC 大會後經歷了顯著調整。股價一度飆升至 942 美元，幾欲突破千元大關，然而 4 月 18 日當天卻驟跌 10%，收盤價回落至 762 美元。這波回調源於投資者對輝達股價過熱的擔憂。若以 2022 年 10 月科技股跌至谷底時為基準，輝達股價已飆漲逾八倍，因此此次調整也在市場預期之內。

2024 年 6 月 10 日，輝達實施了 1 拆 10 的股票分割。這一舉措將後來逾 1,200 美元的股價調整至約 120 美元，大幅降低了散戶投資者的入場門檻。此後，輝達股價呈現出顯著的週期性波動，其市值排名在全球公司中起起落落，一度從第三躍升至榜首，又重返第三位，凸顯其市場波動性。

図 5-1｜思科與輝達股價比較圖

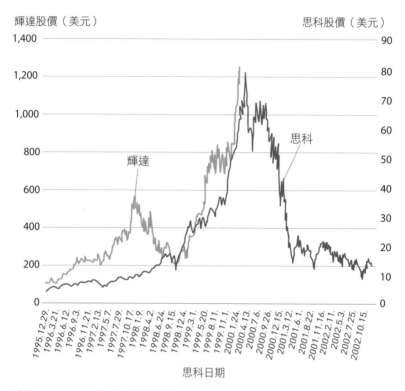

比較 1996～2002 年的思科股價與 2020 年至今的輝達股價

※思科的股價已經按股價分割調整過的金額計算（2000 年 3 月分割）

※這裡的輝達股價是股票分割之前的數值

來源：FACTSET, MARKETWATCH

　　業界分析師頻頻將輝達比作 2000 年代網際網路泡沫時期的
網路設備巨頭思科（Cisco）。如果說輝達是當今 AI 基礎設施的
奠基者，那麼思科則是昔日網際網路基礎設施的開拓者。

思科的爆炸性成長與泡沫

思科由一對史丹福大學畢業的夫婦於 1984 年創立的，他們開發的「路由器」是構建現代網際網路的關鍵設備，憑藉增強通訊訊號的優勢掌控了市場，並於 1990 年成功上市。然而由於創辦人缺乏經營專長，公司隨後轉向專業經理人制度。

將思科推向巔峰的關鍵人物是約翰‧錢伯斯（John Chambers），他自 1995 年起擔任 CEO 長達十年。隨著網際網路基礎設施需求的爆發性增長，當年思科的發展速度完全不亞於當今的輝達。思科年營收以 40%～50% 的驚人速度增長。從上市時 2.24 億美元的企業價值，到 2000 年網路泡沫巔峰時，竟飆升至 5,000 億美元，增長超過 2,000 倍。

但是隨著網路泡沫的破滅，思科的股價縮水到 5 分之 1 左右，2001 年時，公司不得不裁減 18% 的員工，面臨了重大的挑戰。

思科在網路設備領域的初期幾乎壟斷了市場，但隨著新技術的發展和創新企業的崛起，其市場主導地位逐漸受到挑戰。2000 年代初期，以瞻博網絡（Juniper Networks）為代表的新興公司開始蠶食思科的市場份額。進入 2010 年代，阿里斯塔網絡（Arista Networks）等企業則以創新的網路設備技術持續挑戰思科的地位。在全球市場上，思科還面臨著來自華為和諾基亞（Nokia）等國際巨頭的激烈競爭。

儘管思科在其核心市場仍然保持著約 50% 的可觀市占率，然而從財務表現來看，思科的股價自 2000 年網路泡沫時期的歷史高點至今仍未完全恢復。

相似卻又截然不同的輝達

輝達的股價高速飆升，有人擔心它會步上思科的後塵，遭遇暴跌且長期內難以恢復。然而，輝達與思科在幾個關鍵方面存在顯著差異。

首先，輝達已經圍繞其 GPU 建立了以 CUDA 為核心的生態系統。一旦這樣的生態系統成為業界標準，相關硬體的依賴性就會變高。蘋果的生態系統就是一個典型範例，它巧妙地將 iPhone 和 MacBook 等產品緊密連結。當這種生態系統被廣泛接受後，競爭對手要撼動其市場地位就變得異常困難。

其次是領導力的差異。思科在創辦人卸任後，公司已由前高層管理者營運超過十年。雖然這種做法可以說是善用了美國上市公司的管理優勢，但與輝達創辦人黃仁勳持續擔任執行長所塑造的領導風格和企業文化相比，必然存在本質上的差異。

此外，輝達在應對市場變化時非常靈活，並有果斷決策的能力。可以說，若非黃仁勳的領導，對 AI 和資料中心的持續投資可能難以實現。正如圖 5-2 市場分析顯示，未來資料中心的需求將持續增長，而輝達的優勢地位也將隨之強化。

第三，AI 技術所創造的產業規模可能遠超網際網路路由器市場。思科的市場占有率下滑至 50% 以下，主要是因為大規模路由器和通訊設備市場逐漸商品化，失去了獨特性。相比之下，輝達的 GPU 卻有著本質的不同。GPU 已成為資料中心的核心基礎設施。隨著 AI 所需算力的提升，以及 AI 技術向消費者和企業領域滲透，對基礎設施的需求只會持續攀升。換言之，作為 AI

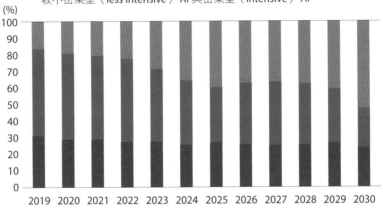

圖 5-2 │ 微軟、谷歌、亞馬遜、Meta 的資料中心中
AI 工作負載所占比重

■ 消費者領域│在預測期間占比約 25%
內部業務／後端、商品消費者、內容、AR／VR、其他密集型內容

■ 公共雲端領域│在預測期間占比預計從 50% 下降至 25%
商品企業雲端、商業生產力、PaaS、SaaS、分析

■ AI 領域│在預測期間占比預計從 25% 提升至 50%，包含
較不密集型（less intensive）AI 與密集型（intensive）AI

來源：KKR

時代的核心基礎設施，GPU 的需求將呈現長期增長態勢。

綜合分析，輝達的股價走勢確實與思科存在某些相似之處，它們都是因身為基礎設施，所以股票在短期內出現急劇上漲。然而，輝達與思科有著本質區別。輝達並非突然崛起的新秀，而是深耕數十年的行業翹楚。輝達在 CUDA 生態系統上的長期投入，成功構築了堅固的經濟護城河。更為關鍵的是，輝達所面對的市場規模遠超思科。由於較高的進入門檻，短期內難以出現足

以威脅輝達地位的有力競爭者。儘管未來對輝達 GPU 的需求可能會趨於平緩，但從 2024 年的市場形勢來看，這種漲勢在短期內似乎不會減弱。

2024 年 3 月的 GTC 大會後，輝達股票曾短暫呈現疲軟態勢，但在 5 月 22 日季度業績公布後再次迎來急漲。到了 28 日，股價已攀升至 1,140.59 美元。這次上漲同樣由遠超預期的業績驅動。6 月股票分拆後，股價從約 120 美元起步，一度達到 140.76 美元，隨後經歷了回調和反彈。分析師對未來走勢預測不一，有人預期可能出現下跌，也有人認為股價有望衝至 160 美元。股價是否還有上升空間，仍需進一步觀察市場動向。

長期競爭對手 AMD 與
進擊的英特爾

提到輝達的勁敵，毫無疑問首選是 AMD。AMD 是一家歷史比輝達長逾兩倍的公司，兩者在個人電腦顯示卡市場上長期競爭。值得一提的是，輝達創辦人暨執行長黃仁勳大學畢業後的第一份工作就在 AMD。此外，黃仁勳和現任 AMD 執行長蘇姿丰（Lisa Su）都來自台灣，且為遠房親戚，為兩家公司的競爭關係增添了幾分戲劇性。

輝達有可能被第二名超越嗎？

1969 年，AMD 成立於英特爾之後僅一年。最初，AMD 主

要依靠英特爾的授權製造 x86 架構處理器。然而，2006 年的一次收購為公司帶來轉機：AMD 收購了加拿大顯示卡製造商 ATI 科技，正式進軍由輝達主導的 GPU 市場。隨後，AMD 大力推廣 ATI 的 Radeon 顯示卡品牌，成效顯著。到 2008 年，AMD 已經從輝達手中奪取相當的市場份額，市占率一度攀升至近 40%。在這段期間，輝達股價跌至歷史谷底，面臨嚴峻挑戰。

然而，2011 年，該公司在其主力業務 CPU 領域遭遇重大挫折。Bulldozer 系列處理器的失敗導致 AMD 陷入低潮，這也影響了其在 GPU 市場的競爭力。時至今日，在遊戲用顯示卡市場中，輝達仍然穩居龍頭地位，占有約 80% 的市場份額，而 AMD 則維持在 20% 左右。

轉機出現在 2014 年，隨著蘇姿丰出任執行長，AMD 開始了一場深度轉型。新一代 CPU 架構的推出為公司注入了新的活

圖 5-3｜輝達 GeForce 的競品 AMD 的 Radeon GPU

來源：AMD

力，業績開始逐步回升。在 PC 和伺服器市場中，AMD 逐漸從英特爾手中奪回了部分市場份額，展現出強勁的復甦態勢。

儘管如此，若要將輝達和 AMD 視為勢均力敵的競爭對手，恐怕言之尚早。兩家公司的規模差距已經相當顯著。自 2006 年輝達的市值首次超越 AMD 以來，這一差距只有進一步擴大。截至 2024，輝達的市值約在 2.9～3 兆美元，而 AMD 的市值則約為 2,600 億美元。兩者的企業價值差距接近八倍之多。

這樣的 AMD 正在挑戰輝達的霸主地位。如同 2006 年進軍 GPU 市場那般，AMD 於 2017 年推出了針對資料中心的 GPU 產品線——AMD Instinct MI 系列，正式向輝達主導的資料中心 GPU 市場宣戰。值得一提的是，MI 系列也採用了三星和 SK 海

圖 5-4｜AMD 的執行長蘇姿丰

來源：AMD

力士生產的 HBM。

2023 年生成式 AI 技術的爆發性發展，使市場對 GPU 的需求激增。然而，輝達卻因供應鏈瓶頸難以滿足這突如其來的需求，加上輝達的 GPU 產品定價偏高，使得許多企業不得不另尋替代方案。這為 AMD 等競爭對手創造了絕佳的市場滲透機會。

儘管如此，AMD 在市占率方面仍未取得突破性進展。這主要歸因於輝達強大的 AI 生態系統，特別是其 CUDA 平台。自 AlexNet 引發深度學習革命以來，輝達便與 AI 研究者共同成長，建立了難以撼動的市場地位。對大多數研究者而言，輝達的 GPU 已成為 AI 訓練和應用的首選，也影響他們無法產生足夠動力轉向使用 AMD 的產品。

面對這一挑戰，AMD 於 2016 年推出了名為「ROCm」的開源軟體生態系統，意在與 CUDA 分庭抗禮。這是一個支持 AMD GPU 的開源平台，提供了像 CUDA 一樣的全套開發工具，包括編譯器、函式庫和程式設計語言等。更值得注意的是，ROCm 還提供了 CUDA 代碼移植工具，強調了與現有 CUDA 生態系統的相容性，這無疑是吸引開發者的一大亮點。AMD 於 2023 年 12 月推出的最新旗艦產品 MI 300X，也已開始交貨給微軟、Meta 等科技巨頭。

AMD 正與英特爾等業界巨頭聯手，通過參與兩個重要的網路技術聯盟 —— Universal Accelerator（UA）Link 和 Ultra Ethernet Consortium（UEC），試圖打破輝達在 AI 基礎設施領域的壟斷地位。輝達除了 GPU 之外，還擁有 NVLink（用於晶片通訊）和 InfiniBand（用於資料中心內部通訊）等專用的互連技

術。這些技術是輝達能夠以高價銷售 GPU 解決方案的關鍵因素之一。為此，UA Link 聯盟致力於開發 NVLink 的替代技術，而 UEC 則希望使用以太網技術取代 InfiniBand。這種開放聯盟的策略目標非常明確：瓦解輝達在資料中心市場的技術壁壘。

這兩個聯盟的成員陣容可說匯聚了各大科技巨頭。UA Link 的成員包括：谷歌、微軟、Meta、AMD、英特爾、博通、思科和惠普等。同樣，UEC 的成員也有微軟、Meta、甲骨文、英特爾、AMD、博通、Arista Networks、思科和惠普。值得注意的是，這些成員中包括了輝達的主要雲端服務客戶，顯示出整個行業對開放標準的渴求。

儘管 AMD 在挑戰輝達霸主地位方面展現出積極姿態，但目前尚未能取得顯著成果。公司在技術創新和產品交付方面確實有所斬獲，然而在擴大客戶群和提升市占率等關鍵指標上，仍面臨諸多障礙。

儘管如此，AMD 的這場持久戰預計將會繼續，全球科技企業對 AMD 的期待依然存在。隨著 AMD 持續推動如 ROCm、UA Link 和 UEC 等開放標準，吸引更多開發者和合作夥伴，是否能提升其在 AI 領域的影響力，值得繼續觀察。

CPU 強者向 GPU 發起的挑戰

繼 AMD 之後挑戰輝達的，是 CPU 市場的巨頭——英特爾。事實上，英特爾目前正經歷著可謂公司根基動搖的重大危機

和轉型期。為確保新的成長動力，該公司正採取一系列行動。

　　英特爾近年來因超微、蘋果和一些雲端服務巨擘開始自製 CPU，導致其在個人電腦和伺服器 CPU 市場的主導地位受到嚴重威脅。有鑑於此，自 2021 年帕特‧季辛格（Pat Gelsinger）就任執行長以來，英特爾已決定進軍代工業務，為其他公司生產半導體。並且在 2024 年進行了大規模的組織重組，將設計部門「英特爾產品」（Intel Products）和生產部門「英特爾代工服務」（Intel Foundry Services）分割為獨立實體。

　　面對危機，英特爾並未放棄，不僅推出了名為 Arc 的個人電腦用 GPU，更向資料中心用 GPU 市場發起挑戰。特別值得關注的是，英特爾推出了與輝達 AI 加速器 H100 直接競爭的「Gaudi」產品系列，引發了業界的廣泛討論和期待。

圖 5-5｜正在急救英特爾的執行長季辛格

來源：英特爾

Gaudi 是英特爾於 2019 年收購以色列新創公司 Habana Labs 後推出的產品。如同輝達的 H100，Gaudi 也是專為 AI 深度學習而設計。英特爾於 2022 年推出 Gaudi 2，並在 2024 年發布最新一代產品 Gaudi 3。英特爾強調 Gaudi 的優勢，在於相較競爭對手具有卓越的性價比和高度的相容性。

在 2024 年 4 月舉辦的 Intel Vision 2024 大會中，英特爾正式發表 Gaudi3。該公司聲稱，在 ChatGPT 等主要大型語言模型的訓練速度和推論性能上，Gaudi3 較輝達產品高出 50%，推論電力效率平均提升 40%，且價格更具競爭力。此外，英特爾強調，由於該公司的 CPU 已廣泛應用於主要資料中心，因此導入 Gaudi 系列產品將更為便捷。

同時，英特爾也與韓國 Naver 簽署了戰略聯盟，並邀請

圖 5-6｜英特爾的 Gaudi3

來源：英特爾

Naver 高層一起在 Intel Vision 2024 大會上宣布結盟計畫。此外，英特爾、Naver 和韓國科學技術院（KAIST）共同設立「AI 共同研究中心」，並達成協議，攜手打造英特爾 Gaudi3 系統。

Naver 作為韓國最大的科技企業之一，運營著「春川」和「世宗」兩座大型資料中心。該公司基於自家開發的大型語言模型「Hyper ClovaX」，構建了生成式 AI 服務。值得注意的是，Naver 過去一直採用輝達的 A100 GPU，但受限於成本急劇上升和 H100 GPU 的供應短缺，自 2023 年起考慮轉向使用英特爾產品，且與多家新創公司和學術機構合作設立實驗室，並計劃利用 Gaudi 來降低大規模 AI 訓練與推論的成本。

英特爾正經歷 40 年來最大的轉型計畫，尤其是將代工事業分拆成獨立公司，並承諾將優先考慮客戶的需求，而非專注於自家產品。這一戰略性轉變不僅挑戰了輝達在 AI 市場的主導地位，更展現了英特爾的靈活性——既與輝達競爭，又接納其為客戶，承接輝達晶片的生產業務。

此策略的成功關鍵在於晶圓代工能力的表現。若英特爾能在尖端製程中生產出媲美台積電水準的晶片，將有助於鞏固其在傳統 CPU 市場的防守地位，同時在 AI 領域與輝達一較高下。一旦英特爾證明自身產品的競爭力，必然吸引更多晶圓代工客戶。這正是我們應該以不同於評估 AMD 的視角來看待英特爾的原因。

既是客戶，也是對手

　　黃仁勳曾表示，輝達是面臨全球最激烈競爭的企業之一。他解釋道：「我們既是與客戶競爭的公司，同時也是一家向客戶完全公開我們產品所有資訊的公司。」這裡提到的客戶正是全球三大公共雲端服務供應商——亞馬遜、微軟和谷歌。他們分別以 AWS、Azure 和 Google Cloud 之名提供雲端服務。

　　這些科技巨擘購買輝達的 GPU，安裝於自家的資料中心，並以按所需服務的形式提供給客戶。然而，這三家公司同時也在積極開發可替代輝達 GPU 的自有產品。在如此激烈的競爭環境下，輝達是如何持續成長並創下歷史最佳業績的呢？答案簡單而直接——輝達製造出了壓倒性的產品，使客戶不得不採購。

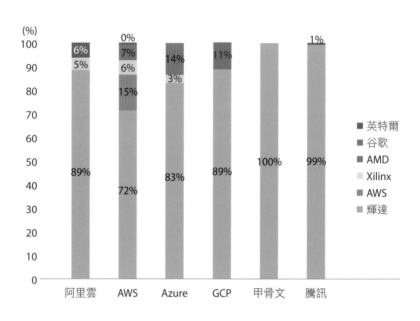

圖 5-7｜主要 CSP 的 AI 加速器比例（截至 2022 年 6 月）

「科技四大巨頭」的
自製晶片之爭

在所有 CSP 當中，谷歌對自家晶片的需求無疑最為迫切。作為 AI 研究的領先企業，率先在 2016 年推出了 TPU（Tensor Processing Unit，又譯為「張量處理器」）。這款晶片被設計用來進行大量的低精度運算，能加速機器學習，而這也標誌著科技巨頭自製晶片時代的來臨。

2016 年，AlphaGo 與李世乭的對局中主要使用輝達的

GPU，但也部分使用了 TPU。截至 2022 年 6 月，據報導，谷歌在其整體 AI 晶片使用中，約有 11%為自行開發的 TPU，經過多代演進，已於 2024 年 5 月推出了第五代產品 TPUv5e 和 TPUv5p。其中，TPUv5p 是針對 AI 訓練的高性能產品，直接挑戰輝達的 H100；而 TPUv5e 則以效率為優先，專門用於 AI 推論。

不僅在硬體方面持續創新，谷歌也率先開發「Gemini」，與 OpenAI 的 GPT 系列展開競爭。除了 Gemini 外，谷歌還研發多項 AI 技術，致力於降低 AI 運算成本並提升性能。為進一步減少對英特爾的依賴，谷歌計劃於 2024 年 4 月推出自家資料中心專用的 CPU：Axion。

亞馬遜的 AWS 是雲端運算的先驅者和市場占有率龍頭，自

圖 5-8｜谷歌的 TPU

來源：谷歌

然非常理解 AI 對客戶的重要性。繼谷歌之後，AWS 也積極投入 AI 晶片的自主研發。2019 年 12 月，AWS 發布了專為 AI 推論設計的 Inferentia 晶片；2020 年 12 月，又推出了針對 AI 訓練的 Trainium 晶片。目前，這兩款晶片的第二代產品都已問世。

　　與谷歌不同的是，儘管 AWS 內部開發並使用 AI 技術，並通過雲端平台提供相關服務，但並未如 Gemini 或 GPT 那樣，將大型語言模型（LLM）作為公司的核心業務。AWS 開發自製晶片的主要目標是徹底降低運營成本。通過使用自家 GPU，AWS 不僅能減少對輝達產品的依賴，還能以更具競爭力的價格向客戶提供服務。基於成本效益考量，亞馬遜早在 2018 年就開始在其資料中心部署自主研發的 Graviton 處理器。這款基於 Arm 架構設計的 CPU，標誌著 AWS 在伺服器處理器領域的重要突破。

　　截至 2022 年 6 月的數據顯示，AWS 是使用輝達 GPU 比例最低的主要雲端服務供應商。在其 AI 晶片組合中，輝達產品占 72%，自研晶片占 15%，而 AMD 及其子公司賽靈思（Xilinx）

圖 5-9｜AWS 自行開發的第二代 Trainium

來源：AWS

的產品則占 13%。然而，這些數據反映的是生成式 AI 爆發前的情況，當前的實際比例可能已有顯著變化。據業界消息，隨著 AWS 雲端客戶對輝達 GPU 的需求激增，AWS 亦大量採購了輝達的產品。

最後，微軟在 2023 年 11 月才公布了自行開發 AI 晶片的計劃。這些晶片包括 AI 加速器 Maia 100 和伺服器用的 CPU Cobalt 100。截至 2022 年，微軟在 AI 晶片使用上，輝達占了 83%，而 AMD 和 Xilinx 占了 17%。微軟預計未來將減少對輝達的依賴，並增加對 AMD 和自家 AI 晶片的依賴。

微軟雖然也有自行開發 AI 技術，但在 LLM 技術上依賴於 OpenAI。Copilot 正是基於 OpenAI 的 GPT 所打造的服務。Copilot 可以在 Excel、Word、電子郵件等辦公服務中，幫助用戶撰寫文檔草稿或查找數據等，充當 AI 助手。因此，隨著這類 AI 服務的用戶增多，對於推論用 AI 晶片的需求將會增加。這樣一來，與昂貴的輝達 GPU 相比，用戶更有可能選擇自家生產的晶片或更便宜的競爭產品。

雖然不是雲端服務供應商，但作為輝達重要客戶的 Meta 也在打造自己的 AI 晶片。2023 年 5 月，Meta 公開了第一代 MTIA（Meta Training and Inference Accelerator），接著在 2024 年 4 月又公開了第二代 MTIA 模型。第一代模型主要是為了 Meta 服務內的推薦演算法而設計，而從第二代開始，則是為了正式用於訓練和推論的目的。2024 年 6 月，Meta 已經開始在其資料中心使用這款 AI 晶片，目標同樣是完全取代輝達的 GPU。

圖 5-10 │ 微軟的 Maia

來源：微軟

難以撼動的霸主地位

　　CSP 自行開發的 AI 晶片能否撼動輝達主導的市場？業界普遍認為這是一項艱鉅的挑戰。儘管輝達的 GPU 價格不菲，但其性能遠超競爭對手，這一點連輝達的競爭對手也不得不承認。

　　這不僅是性能問題而已，客戶對輝達 GPU 的偏好也是阻礙競爭對手進入市場的重要因素。雖然 CSP 會將自家 AI 晶片用於內部需求，但也必須考慮客戶的偏好。如果客戶更傾向使用輝達的 GPU，CSP 勢必得提供輝達的產品。基於這個原因，即便 CSP 推出自家晶片，目前預測輝達的市場占有率仍可望保持在

50% 左右的水準。

　　從這個角度來看，輝達似乎無需過於擔憂 CSP 自有晶片的威脅。即使科技巨頭推出自家 AI 晶片，使輝達的市場占有率受到一定的限制，但隨著整體 AI 基礎設施的擴張，這部分損失也將被抵消。值得注意的是，輝達最重要的客戶群也恰恰是全球最具盈利能力的大型科技公司。

位處 AI 金字塔頂端的 OpenAI

輝達近年來展現出驚人的成長，其中 OpenAI 無疑是最值得感謝的企業之一。自 2022 年 11 月 OpenAI 推出的 ChatGPT 問世以來，它展現了前所未有的成長速度，掀起了生成式 AI 的熱潮。當 ChatGPT 展示了大型語言模型（LLM）的潛力後，企業紛紛開始訂購輝達的 GPU。自 2023 年第二季度開始，輝達的業績呈現爆發性成長，這狀況截至 2024 年第一季度時都還沒有消退的跡象。

作為全球使用人數最多的 AI 服務開發公司，OpenAI 的週活躍用戶約有一億人，其 AI 需求龐大。不僅如此，OpenAI 在新型 AI 技術開發方面也處於領先地位。該公司最新推出的 GPT-4 模型，目前在語言能力、推論能力和編碼能力等各方面都表現卓

越。更值得一提的是，GPT-4 還具備「多模態能力」，能夠將圖像識別為語言、根據文字生成圖像，以及將語音轉換為文字。

2024 年 5 月 13 日公開的 GPT-4o 反應速度顯著提升，使得即時語音對話成為可能。這項突破讓人聯想到電影《雲端情人》（Her）中人機戀愛的場景。展望未來，OpenAI 預計在 2024 年下半年推出下一代 AI 模型 GPT-5，其性能有望超越 GPT-4。此外，OpenAI 於 2024 年 2 月公開了名為「Sora」的文本轉影片模型，證明了他們在影片生成 AI 領域同樣處於領先地位。如今，OpenAI 與谷歌並肩，成為製作最頂尖 AI 技術的公司之一。

圖 5-11｜輝達首款 AI 專用超級電腦 DGX-1

2016 年，黃仁勳將 DGX-1 交給了 OpenAI 創辦人之一：伊隆・馬斯克

來源：伊隆・馬斯克／X 帳號

對輝達而言，OpenAI 這種持續推出先進 AI 技術的公司至關重要。新技術不斷拓展 AI 的應用範疇，進而推動了對輝達 GPU 的需求。特別是 OpenAI 主導的生成式 AI，由於其龐大的參數規模，更需要高性能 GPU 的支持。

總結來說，OpenAI 不僅是引領 AI 開發趨勢的先驅，也是全球用戶最多的 AI 服務提供商。可以說，OpenAI 已然位居整個

圖 5-12｜拜訪 OpenAI 總部的黃仁勳

黃仁勳親自前往 OpenAI 總部，會見了執行長山姆·奧特曼（左）和總裁格雷格·布羅克曼（右）並交付了 DGX H200。

來源：格雷格·布羅克曼，OpenAI 總裁

AI 生態系的金字塔頂端。

　　輝達深諳 OpenAI 的重要性，因此當輝達打造首台 AI 專用超級電腦「DGX-1」時，其首批產品便交付給了 OpenAI。2016年 8 月，輝達執行長黃仁勳親赴 OpenAI，與時任 OpenAI 董事的伊隆・馬斯克合影留念。當時的 OpenAI 尚處於草創階段，是以非營利研究機構的方式運作。黃仁勳早已洞悉由優秀研究人員組成的 OpenAI 的潛力，慷慨地贈送了他們 DGX-1。這一早期的支持舉動，或許正是造就今日輝達輝煌成就的關鍵因素之一。

從合作夥伴到潛在競爭對手

　　OpenAI 對輝達而言既是最值得並肩而行的合作夥伴，卻也可能是最強勁的競爭對手。這種微妙的關係映射了科技巨頭間複雜的競合態勢。

　　OpenAI 於 2021 年推出軟體開發計畫：開源的 GPU 程式設計語言「Triton」，為挑戰輝達的 CUDA 生態系統邁出了關鍵一步。Triton 的跨平台特性不僅降低了對輝達 GPU 的依賴，更在 AMD 等競爭對手的硬體上也能良好的運作並展現其出色的效能。隨著 Meta 等科技巨擘加入支持，Triton 正逐步削弱 CUDA 的市場主導地位。

　　然而，OpenAI 對輝達最大的威脅，其實來自於資料中心領域。生成式 AI 如 ChatGPT 和 Sora 的運算需求，使得 GPU 使用成本成為 OpenAI 最大的財務負擔。儘管 2023 年營收達 16 億美

元（約新台幣 510 億元），OpenAI 仍因高昂的基礎設施支出而持續虧損。

OpenAI 的執行長山姆・奧特曼強調，為了降低這些 AI 基礎設施的成本，需要進行大規模募資。《華爾街日報》在 2024 年 2 月報導，奧特曼正在募集高達 7 兆美元（新台幣 223 兆元）的資金，用於建立涵蓋 AI 晶片開發、生產到資料中心建設，以及應付龐大電力的基礎建設等全方位 的 AI 基礎設施。這一金額足以撼動全球半導體產業格局。

OpenAI 是在 2020 年於愛荷華州西得梅因的資料中心訓練 ChatGPT。這裡使用了超過 28 萬 5 千個 CPU 核心和 1 萬個 GPU，當時使用的 GPU 是輝達的 V100。而為了降低基礎設施的

圖 5-13｜AI 資料中心與超級電腦集群的規模比較

凱文・斯科特將 AI 資料中心的運算模型規模，比作鯊魚和與藍鯨。

來源：微軟

成本，OpenAI 正與微軟攜手，計劃於 2026 年在威斯康辛州設立新的資料中心，這個計劃約是 100 億美金的投資。但更令人矚目的是代號「Stargate」的超級計算機計劃。據《The Information》報導，這個預計於 2028 年問世的巨型資料中心，投資規模可能高達 1000 億美元。

微軟首席技術官凱文・斯科特（Kevin Scott）曾用海洋生物來比喻這些資料中心的運算模型，如果之前我們所見的是鯊魚，2026 年的規模就是虎鯨。至於未來將要公布的，將是藍鯨級別（2026 年），而 Stargate 的規模將更遠超藍鯨，旨在實現超越「通用人工智慧」（AGI）的宏大目標。

2026 年威斯康辛州的資料中心確定將使用輝達的 GPU。但是 2028 年的 Stargate 就不一定了，或許也可能使用 AMD 或英特爾的產品，甚至可能用上微軟自行開發的 AI 晶片，或是其他新創公司的 AI 加速器。根據 OpenAI 決定使用哪一家產品，可能會對未來輝達的業務起到嚴重的影響。

終端設備王者——
蘋果的挑戰

2024 年 5 月初，《華爾街日報》傳來一則令人驚訝的消息：蘋果正在自行研發資料中心用的 AI 晶片。儘管蘋果自行設計晶片已超過十年，但這是該公司首次涉足資料中心領域。根據彭博社的後續報導，蘋果最快將於 2024 年開始，透過搭載自家設計 AI 晶片的資料中心，向客戶提供 AI 服務。

蘋果此舉表示將直接與輝達競爭 AI 領先者的地位，正如谷歌、亞馬遜、微軟等科技巨頭一樣。蘋果為何突然決定自製 AI 晶片？要理解這一決策，我們需要深入探討「終端 AI」（On-Device AI）的概念。

AI 大眾化的關鍵

終端 AI 與雲端 AI 使用兩種不同的 AI 運算模式，雲端 AI 主要透過資料中心內的輝達 GPU 進行生成式 AI 的運算（推論），簡而言之，就是透過網際網路使用 AI 服務。在當今世代，智慧型手機和電腦幾乎全天候連接網路，因此雲端 AI 似乎成為理所當然的選擇。然而，許多情況下，AI 運算其實可以直接在智慧型手機或電腦的晶片上進行，而無需依賴遠端資料中心。

智慧型手機的相機功能就是一個典型的例子。基於深度學習的 AI 模型能大幅提升智慧型手機的效能，用戶在拍攝後，可使用手機上的 AI 自動進行影像優化。這些運算主要由智慧型手機的中央處理器（AP）負責，其中專門處理深度學習運算的部分稱為 NPU（Neural Processing Unit，神經網路處理器）。蘋果的智慧型手機使用 A 系列處理器，三星則採用 Exynos，而高通則提供 Snapdragon 系列，這些處理器都內建了 NPU。

在 ChatGPT 等生成式 AI 出現之前，其實智慧型手機和個人電腦已廣泛應用 AI 技術。然而，參數規模龐大的生成式 AI 目前仍無法在智慧型手機上直接運行，主要受限於記憶體容量不足以儲存大型語言模型，以及處理速度過慢等問題。

因此，像 ChatGPT 這類聊天機器人，以及根據文字提示生成圖像等生成式 AI，目前仍仰賴資料中心內的 GPU 進行運算。資料中心完成運算後，再將結果傳送給使用者。雲端 AI 須負擔昂貴的 GPU 成本，而且運營資料中心需要消耗大量的電力和水資源。這也就是為何使用雲端 AI 通常需要額外付費。

蘋果的 AI 策略

正因如此，智慧型手機和個人電腦製造商紛紛開始尋求將這項技術融入自家產品，以實現差異化競爭。在這場競賽中，三星率先採取行動。2024 年 1 月，三星推出了 Galaxy S24 系列，將其定位為「AI 手機」，展示了多項創新的 AI 功能。這些功能涵蓋了兩大類別：無需網路連接可直接使用的終端 AI 功能，以及需要網路連接的雲端 AI 功能。

在終端 AI 功能方面，三星展示了自主研發的即時翻譯技術，展現了三星在 AI 領域的實力。而在雲端 AI 功能方面，三星則選擇與谷歌合作，採用了谷歌的 Gemini AI 模型。值得注意的是，谷歌也在自家的 Pixel 智慧型手機中搭載了 Gemini。

圖 5-14│微軟針對設備內 AI 用的 Copilot 及其 Surface 產品

來源：微軟

圖 5-15 │ 位於愛荷華州的蘋果資料中心

來源：蘋果

　　面對三星 Galaxy 系列在 AI 領域的搶先得點，蘋果公司也迅速做出了回應。2024 年 6 月的世界開發者大會（WWDC）上，蘋果公布了名為「Apple Intelligence」的自主 AI 架構。蘋果的 AI 戰略採取了一種獨特的混合模式：這款 AI 將在 iPhone、iPad 和 Mac 等設備上直接運行 AI 模型，充分利用自家強大的硬體優勢；同時，部分 AI 功能將在蘋果自家的伺服器「Private Cloud Compute」上運行，確保資料安全的同時，也能提供強大的運算能力。蘋果公開表示，無論是在設備上還是在伺服器上使用的 AI 模型，都是由蘋果自行開發的，雖然蘋果也與 OpenAI 有合作關係，並採用 ChatGPT 的技術，但顯然蘋果更傾向於掌控自己的 AI 生態系統。

　　蘋果的策略展現了多項的優勢，首先，當客戶的敏感個人資

訊從裝置傳送至伺服器時，蘋果可以全程掌控資料流，大幅提升安全性。相較於三星等缺乏自有伺服器的競爭對手，蘋果此舉可以維持並擴大其競爭力。此外，自製 AI 晶片能夠減少對昂貴的輝達 GPU 的依賴，也有助於降低成本。

蘋果的計畫是在資料中心部署自行設計的 AI 晶片，並讓使用 iPhone 或 Mac 的客戶能夠通過這些資料中心的 AI 晶片來運行生成式 AI。這一策略如果成功實施，將為蘋果創造長期的競爭優勢和商業價值。

終端 AI 和 SLM 的增長對輝達的影響

蘋果優化終端 AI 的策略展現了 AI 趨勢的變化。這種小型 AI 從升級 Siri 開始，預計將為蘋果生態系統帶來重大變革。

小型的 LLM 被稱為「小型大型語言模型」（sLLM）或「小型語言模型」（SLM），是目前 AI 領域的新焦點。由於 GPT 或 Gemini 等 LLM 難以在終端設備上運行，業界轉向開發參數規模更小、更適合設備端運算的模型。Google 推出的 Gemini Nano 和參數量僅 20 億的 Gemma 模型，便是這一趨勢的代表作。

微軟的 Phi-3 Mini 模型參數僅 38 億個；Meta 推出的 LLaMA-3 最小版本則只擁有 80 億個參數；而 OpenAI 的競爭對手 Anthropic 則推出了名為 Haiku 的輕量級模型。可見 AI 向輕量化、本地化發展的趨勢。

對於長期主導資料中心 AI 晶片市場的輝達而言，SLM 的普及與終端 AI 的崛起，可能為輝達帶來嚴峻的挑戰。隨著 AI 模型逐漸「瘦身」並能夠在智慧型手機等終端設備上運行，對輝達高性能 AI 晶片的需求可能就會相對減少。

　　此外，先前我們已經提過，科技巨頭們早已紛紛開始研發 AI 晶片，如果蘋果 ── 這家全球最大的消費電子設備製造商 ── 也加入戰局，勢必會影響輝達的市場占有率。每當消費者使用這些搭載自研晶片的設備進行 AI 運算時，資料中心的推論工作將更多地依賴這些新晶片，而非輝達的 GPU。

　　儘管蘋果在蓬勃發展的 AI 市場中起步稍晚，但憑藉其龐大的用戶基礎和強大的研發能力，其追趕速度不容小覷。從長遠來看，蘋果的 AI 布局也很可能對輝達構成實質性威脅。

三星的未來在哪裡？

到目前為止，我們了解了幾個威脅到輝達市場主導地位的競爭企業，以及他們正在開發的 AI 半導體。此時，作為韓國人或投資者，你可能會好奇，為何三星在這個巨大市場上似乎並不活躍？三星是否只能滿足於向輝達供應 HBM？在未來將極大增長的 AI 市場中，它能否占有一席之地？

正如第一部分所述，首要原因是三星目前的主力業務為記憶體半導體。相較於製造和銷售自家的 AI 晶片，向輝達、AMD、英特爾和谷歌等公司供應 HBM，對三星而言更為有利。若製造用於資料中心的 AI 晶片，將會與客戶形成競爭局面。

其次，雖然三星在手機用 AP 方面表現卓越，但在資料中心市場上仍缺乏影響力。從某種角度來看，在 AI 領域，三星與新

創公司並無太大區別。

　　2024 年 3 月 24 日，三星在股東大會上做出了令人驚喜的宣布。該公司宣布將與 Naver 共同開發 AI 晶片「MACH」。值得注意的是，Mach-1 是一款不需要搭配 HBM 的 AI 晶片，使用的是「LPDDR」（低功耗動態隨機存取記憶體）。這款晶片針對的是 AI 推論，而非 AI 訓練。除此以外，三星也從谷歌招募了曾開發 TPU 的人才，在矽谷建立了名為「AGI 計算實驗室」的 AI 開發團隊，積極探索 AI 時代的發展道路。

面對世界壁壘，三星該往哪走？

　　AI 領域是新創公司最多的領域之一。就韓國而言，有像 Rebellions 和 Furiosa AI 這樣的新創公司，還有 SK 集團旗下的 Sapeon 也在製造 AI 晶片。在海外，有像 Groq、d-Matrix、Etched、Extropic、MatX 和 Cerebras 這樣知名的公司。這些新創公司大多數都將產品目標鎖定在推論領域。

　　然而，要在這個領域成功，實屬不易。特別是想進入資料中心的 AI 半導體，需要找到願意使用它的企業，並非易事。這就是為什麼這些 AI 半導體的開發，背後往往有大規模資料中心營運企業支持的原因。在韓國，大規模營運資料中心的公司包括 Naver Cloud、NHN Cloud、Kakao Enterprise、SK Telecom、KT、LG Uplus 等。Naver 預計將使用三星的 AI 晶片，Sapeon 則將在 NHN Cloud 和 SK Telecom 中應用。KT 投資了 Rebellions，

而 Kakao Enterprise 則與 Furiosa AI 展開合作。

然而，如果只向國內企業供應 AI 半導體，市場規模仍然有限。眾所周知，最大的 AI 市場還是在海外。需要像輝達那樣，將亞馬遜、微軟、谷歌等雲端服務巨頭作為客戶來銷售產品。但在這些企業已經自製 AI 晶片的情況下，韓國企業或新創公司的產品似乎難有機會被採用。

從這個角度來看，擁有龐大市場的中國企業顯得更有利基。美國政府對中國採取晶片出口管制，不只是輝達，連 AMD 也被禁止出口到中國，以阻止先進的 AI 半導體進入中國市場。

而這對中國最大的半導體企業「華為」來說，是一個絕佳的機會。華為不僅生產網路設備和智慧型手機，還直接製造晶片和伺服器。華為的半導體業務由子公司海思半導體（HiSilicon）負責，目前已經有完整的產品線，包括用於智慧型手機的應用處理器（AP）「麒麟」（Kirin）、AI 晶片「昇騰」（Ascend）、CPU「鯤鵬」（Kunpeng）和數據機晶片「巴龍」（Balong）。中國政府也為了發展半導體產業，指定購買並資助華為數百億美元。華為與中國最大的晶圓代工廠——中芯國際（SMIC）攜手合作，在面對美國制裁的情況下，仍在技術上不斷進步。

中國的半導體產業之所以能夠在美國的制裁下，依然能蓬勃發展，主要歸因於其龐大的內需市場。僅中國國內製造並消費的智慧型手機和伺服器電腦，其市場規模已然十分可觀。像阿里巴巴雲、騰訊雲這樣的中國科技巨頭所建立的雲端服務公司，即便只在中國市場營運，也能躋身世界級企業之列。事實上，單單在中國境內供應 AI 晶片，就能創造可觀的營收，並以此為基礎持

續推進技術研發。這也解釋了為何除了美國或中國企業之外，其他國家的企業即使成功開發出 AI 晶片，也難以敲開全球市場。

從這個角度來看，三星也應該採取類似新創企業的策略。首先，需要與營運資料中心的韓國企業建立合作關係，同時還要與像 Naver 或 Kakao 這樣開發自有 AI 模型的企業展開合作。從長遠來看，三星也應該效仿阿里巴巴、騰訊的模式，擴展公共雲端業務。這可以通過與現有公共雲端業務企業合作，或直接進軍公共雲端市場來實現。

考慮到輝達最大的客戶群都是經營公共雲端業務的科技巨頭，三星的發展方向已經呼之欲出。然而，僅僅製造最高性能的晶片是遠遠不夠的。三星需要與使用這些產品的客戶建立緊密聯

圖 5-16 ｜ 由華為構建的 AI 超級計算機

來源：華為

繫，才能推動整個雲端市場規模的擴大，進而持續創造對 AI 半
導體的需求。

　　當然，三星還應該著眼於內部的 AI 基礎設施需求，以及
Galaxy 智慧型手機系列的 AI 應用需求。

海外專家對輝達的展望

從 2024 年來看，僅僅是輝達這一支股票就可說是帶動了整個美國科技股市。是否將輝達納入投資組合，對法人機構的收益率有極大的影響。

截至 2024 年 6 月 13 日，分析輝達的 55 家華爾街投資銀行中，有 42 家對輝達給出了「強力買入」的評級。給出「買入」評級的有九家，而給出「持有」評級的僅有四家。他們的目標股價在分拆後的平均值是 124.83 美元，比當前的股價還低。這顯示出輝達的股價上漲過快，反而使得目標股價低於實際交易價格的奇特現象。

特別是隨著 2024 年 6 月進行的 1 拆 10 股票分割，散戶對輝達的關注度仍在增加。根據納斯達克的數據，輝達的上市股票中

有 67% 是由法人投資者擁有的。輝達的高階主管等約擁有 3.96%
股份，而散戶等個人投資者的比例則是 28.9%。這與散戶比例達
到 42.56% 的特斯拉有很大差異。相比於蘋果的 38.16%，輝達股
票的散戶比例稍低，但比 Meta（19.12%）稍高。由於股票分
割，可預期未來散戶的比例將明顯增加。

2030 年輝達將達 10 兆美元？

在海外投資者中，以科技股為主的投資公司 I/O Fund 的貝
絲・金迪格（Beth Kindig）對輝達的展望最為樂觀。2024 年 5
月 29 日，她在接受 CNBC 採訪時，預測輝達的企業價值可達 10
兆美元。當然，這並非短期內的預測，而是以 2030 年為基準的
展望。金迪格認為，5 到 6 年後，輝達的股價將從目前的水平上
漲約三倍。

金迪格的預測建立在整個資料中心市場的蓬勃發展基礎上。
鑑於輝達在這個市場中占據相當大的份額，她預測輝達的
Blackwell 系列產品在 2026 會計年度結束前，將創造超過 2000
億美元的收入，遠超先前的 H100 型號。金迪格表示：
「Blackwell 將支援並實現超過 1 兆美元的大型語言模型，這正是
大型科技公司所追求的方向。輝達將在資料中心硬體部門占據極
大的市場份額，並且在軟體和汽車部門也會持續獲利。現在的輝
達正處於成長的非常初期階段。」金迪格之所以如此篤定，是因
為她認為輝達在 GPU 業務上擁有其他公司難以突破的護城河。

金迪格預測 AI 資料中心市場的規模將在 2027 年達到 4000 億美元，2030 年將成長至 1 兆美元，她認為這個市場大部分將由輝達占領，而不會是 AMD 或英特爾。她表示：「CUDA 就像開發者在為 iPhone 開發應用程式時，會被鎖定在 iOS 一樣。輝達的情況也很類似，AI 工程師為了編寫 GPU 程式，一定會使用 CUDA 平台，這使他們無法脫離該生態系統，成為一道難以突破的護城河。」她還認為，像亞馬遜或谷歌這樣的大型科技公司內部開發的 AI 晶片，也難以與輝達形成直接競爭。

美國投資銀行摩根史丹利（Morgan Stanley）的半導體分析師約瑟夫・摩爾（Joseph Moore）長期以來對輝達持有正面的投資展望。他在 2024 年 4 月接受美國財經媒體 CNBC 採訪時表示：「在 AI 產業中，輝達擁有壓倒性的強勢地位。英特爾雖然針對輝達的 H100 進行了基準測試並推出了『Gaudi3』，但輝達隨即推出了後續產品『Blackwell』，成功防止了客戶流失。」

針對有人質疑「輝達的股價是否與思科 1998 年網路泡沫時期相似」的問題，摩爾回應道：「超大規模運算公司對於 AI 的投資計畫已經安排到 2028 年，而且其可見的前景也很樂觀。」他駁斥了與網路泡沫的比較，但同時也提醒投資者：「應密切關注那些開發 AI 模型的公司在經過整合後，是否會減少對相關硬體的需求。」

此外，他還預測目前在業界排名第二、正在奮起直追的 AMD 也無法超越輝達。他分析指出，從生態系統的構建到技術層面，AMD 在挑戰輝達的過程中仍存在諸多不足之處。

然而，並非所有投資者都能從輝達的飛漲中獲利。被韓國投

資者稱為「錢樹姐姐」的凱西・伍德（Cathie Wood）就是一個典型案例。作為 ARK Invest 的執行長，伍德雖然看好輝達，但卻因提前脫手而錯失巨額收益。ARK Invest 於 2014 年以每股 4 美元（以 2023 年 6 月分拆前為基準）的價格購入輝達股票，並在股價達到 400 美元時大量出售。考慮到分拆前的股價曾飆升至 1200 美元，ARK Invest 可謂錯失了一次難得的投資良機。

在 2024 年 6 月 6 日接受彭博社（Bloomberg）採訪時，伍德解釋了當初的決策邏輯：「因為輝達持續表現良好，所以我們開始研究從中受益的公司，然後就決定退出。」言下之意是，她認為輝達的股價已經大幅上漲，因此選擇了獲利了結。伍德同時表示，除非輝達股價經歷相當程度的調整，否則不會再次投資。然而，這個過早退出的決定可能成為她投資生涯中最為致命的錯誤之一。

華爾街最著名的韓裔投資者之一，Fundstrat 的湯姆・李（Tom Lee）在 6 月接受 CNBC 採訪時表示：「輝達是一家具時代代表性的企業。迄今為止，輝達不僅達到市值 3 兆美元，更實現了翻倍成長。輝達是投資 AI 趨勢的最佳選擇，尤其是當 AI 正處於提升生產力的初期階段。」湯姆・李還表示，現在的市場感覺就像只有輝達一支股票一樣。

輝達現在的估值是不是已經太高？

當然也有一些專家指出，無論輝達的業績如何，其高估值所

帶來的投資風險是需要關注的。特別是 1999 年思科和輝達的對比一直如影隨形。巴恩森集團（Banshen Group）管理合夥人戴維・巴恩森（David Banshen）在 5 月接受福克斯商業頻道（Fox Business）採訪時表示：「輝達總有一天會像思科一樣，」他說：「即使是那些銷售和業績增長的企業，最終也必須回到正常估值，投資者們終究會認識到這一點。」他補充道：「許多投資者在網路泡沫時期以每股 85 美元的價格投資了思科，思科的業績在那之後也持續向好。但現在思科的股價在 50 美元左右波動，這與公司本身無關，而是估值的問題。」

戴維森（DA Davidson）的分析師吉爾・路里亞（Gil Luria）也預測輝達的股價會大幅下跌。然而，他預測的時間是 2026 年，而不是 2024 年。他在 2024 年 5 月接受《Business Insider》的採訪時表示，未來一年半內輝達的股價可能會下跌至多 26%。按照拆股後的股價計算，到 2026 年，股價可能會跌至 90 美元。

他說：「我對 2026 年輝達的預測是業界最低的數值。」他解釋道：「輝達的短期展望非常好，但長期展望可能會比市場大多數人的預期更差。」路里亞指出，像 Meta、谷歌、亞馬遜這樣的大型科技公司已經在開發自己的 AI 晶片或者投資於其他合作夥伴，這些公司都是輝達的最大客戶，所以隨著時間推移，對輝達的依賴度會降低。他認為：「（輝達依賴度降低）只是時間問題。因為製作軟體和讓客戶熟悉替代方案需要時間，所以在 2024 年是不可能的。但在接下來的一到兩年內，這將對輝達的業務產生巨大的影響。」

韓國分析師怎麼看？

　　韓國的專家是如何看待輝達的呢？

　　韓國現代證券分析師郭敏靜委員對於輝達及半導體產業整體發展進行了探討。郭委員在小型股部門中被選為 2023 年《每日經濟新聞》最佳分析師，目前負責領域涵蓋韓美半導體（Hanmi Semiconductor）在內的半導體設備股。韓美半導體是一家製造用於 HBM 後製程的熱壓鍵合機的設備廠，屬於 SK 海力士的供應鏈。在過去一年中，其股價上漲了 564%，是受惠於輝達股價飆升最多的韓國企業之一。以下是與郭委員的訪談內容。

Q（李德周 記者）｜請問你是看待輝達這家公司呢？

A（郭敏靜 分析師）｜輝達正在追求 AI 加速運算的持續變革，考

慮到它不僅僅是一家硬體供應商，而是一家 AI 加速運算平台公司，因此具有壓倒性的競爭力。

眾所周知，輝達在 2006 年開發搭載 GPU 的遊戲用顯示卡的過程中，認識到能高效進行平行運算的 GPU 可以用於多種用途，於是投資 100 億美元（約 3 千億台幣）開發了 CUDA。結果，需要處理大量數據的 AI、自動駕駛、智慧工廠等各領域的開發者們都開始使用 CUDA。而由於 CUDA 與輝達的 GPU 互相綁定，因此 CUDA 的使用越廣泛，GPU 的銷量就越高。

黃仁勳在 2024 年 SIEPR（史丹佛經濟政策研究所）經濟峰會上表示：「即使競爭對手免費提供晶片，也無法擊敗輝達。就算輝達的 GPU 價格比競爭對手貴，但從資料中心基礎設施的建設成本、管理成本等營運角度來看，競爭對手的產品性能很難趕上輝達的競爭力。」我認為這句話適切地表達了輝達目前在 AI 生態系統中的地位。

輝達最近正嘗試在東南亞建構 AI 基礎設施。而且不僅限於 AI 領域，他們還在將業務擴展到其他行業，包括機器人、自動駕駛、物流甚至生物科技，不只與各種企業合作，也與政府機構合作。我們期待輝達未來的變化和發展。

Q｜在談到輝達的故事時，是不是沒辦法不提到 CUDA？

A｜CUDA 事實上已經成為業界標準，CUDA 上市的同時，公開了給開發者的手冊，並且創建了活躍的社群，透過行銷工程師進行宣傳並且支援客戶。一些主要的電腦科學系已經將 CUDA 納入必修課程。20 年來已經有許多領域菁英在使用 CUDA。

最近專門開發 AI 加速器的一些韓國 NPU（Neural-network Processing Unit，神經網路處理器，專為加速 AI 應用而設計）公司，雖然表示要將輝達的 CUDA「國產化」，但有鑒於使用 CUDA 代碼已有數十年的軟體開發者來說，要打破 CUDA 的壟斷力並不容易。而且如果你有機會和工程師們聊，就會發現他們的反應都差不多。他們說，如果要使用 AMD 的 GPU，就必須先調整本來應用在 CUDA 上的軟體，這讓他們非常頭痛。在韓國，AMD 被認為是 GPU 的「第二選擇」，但事實上，輝達和 AMD 之間的差距非常大。以市值來看，輝達約為 3 兆美元，而 AMD 的市值是 2621 億美元，前者是後者的 11.4 倍。因此，甚至有工程師們直接建議公司不要使用 AMD 的產品，等輝達的新晶片出來再說。這和韓國市場上的看法很不一樣。工程師們這麼說，意味著他們對輝達有很高的忠誠度，也顯示了目前並沒有能夠挑戰 CUDA 這道強大護城河的競爭者。

Q｜輝達吸引了很多人才吧？

A｜最優秀的工程師們現在更偏好選擇輝達，過去最優秀的工程師們會湧向蘋果或谷歌，但現在一流的工程師們最想進的企業就是輝達。能夠吸引到這些工程師，也可以說是輝達另一道強大的護城河。

2021 年之後，輝達一直位居美國大學畢業生最想工作的企業前 1～2 名。通過與史丹佛大學、麻省理工學院等知名大學的獎學金計畫和產學合作專案，輝達在學術界也確保了頂尖研究人力的補充。而且輝達擁有 DevTech（計算專家團隊），讓這些研究不只停

留在理論，而能將研究成果加以應用。畢竟大多數科技研究人員忙於將技術和理論發表為論文，卻很少有能力將內容轉移給業務部門（因為集中投入於研究，就無暇將研究商業化），但輝達的「研究→優化→商業化→行銷」，整個流程非常完善，從決策到執行都能在短時間內完成。當然，還有前面提到的 CUDA。

Q｜ 那麼，輝達有什麼風險嗎？

A｜ 我認為宏觀風險比內部風險更大。因為如果經濟衰退，大型科技公司的設備投資可能會減少。但是，考慮到企業或政府的角度，我認為對於 AI 的投資最終還是會持續下去。

Q｜ 韓國的投資者是否越來越關注輝達了？

A｜ 輝達的一句話就能讓三星和海力士的股票波動。過去像是特斯拉和伊隆·馬斯克也是這麼受關注，現在韓國投資者也對黃仁勳的一舉一動都非常關心。

在新冠疫情時，全球股市從 2020 年 3 月大幅下跌，但隨著量化寬鬆和超低利率帶來的流動性，股市開始觸底反彈。當時國內投資者開始投資於美國企業，特別是蘋果和特斯拉，實際上，2020 年特斯拉的股價暴漲，被納入 S&P 500 指數，曾一度占據市值第五名。隨著這種趨勢，國內投資者開始逐漸對蘋果和特斯拉以外的海外企業產生興趣，其中一家就是輝達。

特別是輝達的產品是用於 AI 和資料中心，急劇增加的需求也讓輝達強勢上漲，甚至對三星和 SK 海力士等國內半導體製造商來說，也是一個巨大的成長機會。

SK 海力士供應 HBM 給輝達，輝達的業績對 SK 海力士的業績和股價上升有很大的貢獻。此外，輝達的成功也對韓美半導體等國內設備公司的估值有著正面的影響。對於直接投資美股的投資者，以及投資受該公司影響的韓股的投資者來說，輝達絕對是一家重要的企業。

Q │ 隨著輝達的崛起，SK 海力士也受益匪淺。

A │ AMD 最初量產驗證的 HBM，於 2016 年被輝達應用在其伺服器 GPU P100 上。隨後，SK 海力士開始供應採用其獨特技術的 HBM2E。2022 年，隨著 ChatGPT 市場的興起，SK 海力士的重要性也逐漸浮升，其 HBM 營業利潤率高達 60% 以上。其他競爭對手目前還很難超越海力士的技術。

而且從 2024 Computex 上，輝達所展示的產品路線圖來看，可以發現 SK 海力士的路線圖也是以同樣的時程在推進。這意味著輝達、SK 海力士以及台積電之間的溝通已經完成。過去三星的 HBM 部門解散後，許多人才轉移到了 SK 海力士，因此我認為，現在三星想要追趕 SK 海力士並不容易。

下一代的 HBM4 將引入 3D 封裝技術，這種技術可以優化晶片性能並減少功耗，並且會與台積電合作。隨著輝達、台積電與 SK 海力士的連結越來越深，假設沒有什麼重大變數，SK 海力士的獲利自然可期。

Q │ HBM 是多麼重要的技術？

A │ 美國政府對於 HBM 有著明確的路線圖，非常重視這項技術。

美光科技獲得補助金，用於建設相關的生產設施。而 SK 海力士在美國建立 HBM 用的先進封裝工廠也是基於這個原因。美國政府正在努力扶植本土半導體產業，並且推動 HBM 的在地化生產。

美國在 2022 年制定了《晶片與科學法》（CHIPS Act，或稱晶片法案），並對國內的半導體生產提供補助金。日本政府則計劃在 2025 年推動立法，支持新世代半導體的生產。中國於 2024 年 5 月設立了規模達 3440 億元人民幣（約 475 億美元）的半導體投資基金，這是中國「集成電路產業投資基金」（又稱「國家大基金」）的第三期，主要是為了推動中國晶片產業的發展。台灣同樣也在國家層面上推進半導體產業發展，「晶片驅動臺灣產業創新方案」（簡稱「晶創臺灣方案」），規劃從 2024～2033 年挹注相當於 97 億美元的經費（台幣 3,000 億元）。然而，截至目前，韓國尚未制定專門的半導體支持法。事實上，在某些方面，韓國可能已經落後於其他國家。

半導體產業正成為各國紛紛制定專法和政策來推動的領域，因為它能夠為未來產業創造巨大的附加價值。在全球科技競爭日益激烈的背景下，我認為韓國可能需要考慮採取更積極的政策措施。

Q ｜ 你認為三星的 HBM3 會供應給輝達嗎？

A ｜ 過去三星因錯失機會而未能進入市場，因此很難一下子追上 SK 海力士。今年要供應給輝達似乎不太容易。相反地，三星正在與 AMD 合作，試圖擴大市場占有率。

Q｜你對不使用 HBM 而使用 LPDDR5 的其他類型 AI 加速器有什麼看法？

A｜如果使用 LPDDR3，雖然可以達到低功耗，但目前尚無法跟上 HBM 的運算速度。LPDDR5X 和 HBM 都是高性能記憶體技術，但在用途和特性上有一些重要的差異。

首先，LPDDR5X 是平面結構的 DRAM，主要在設備上的 AI 應用中採用，以實現低功耗。相比之下，HBM 則是將多個 DRAM 垂直堆疊的 3D 結構，主要用於高速運算、資料中心、AI 和 GPU。它具有高數據傳輸速度和低延遲性。

因此，LPDDR5X 適合需要低功耗和高速資料處理的移動設備及其 AI 應用，而 HBM 適合需要高頻寬和低延遲的高性能運算及 AI 應用。結果是，雖然可以製作出針對 LPDDR5X 優化的 AI 加速器，但要在更廣泛的高性能 AI 市場中與使用 HBM 的解決方案競爭，可能會面臨挑戰。

Q｜許多人對於未來輝達的股價走勢很感興趣。你怎麼看呢？

A｜在財報公布前，市場上確實有人在猜測「這是否已經是高點」。不過我個人認為，即使面臨股票分割等各種挑戰，輝達的股價仍有可能上漲到 200 美元。這是因為輝達在整個 AI 產業中擁有主導地位，並且積極拓展 AI 平台業務。雖然短期內股價可能會有波動，但到 2024 年 6 月底，我們預計下一代資料中心 GPU——Blackwell 系列的需求將會持續擴大，而輝達也會逐步轉型為一家 AI 平台公司。這一點我們樂觀以對。

Q｜這樣的估值是否過高了呢？

A｜我認為輝達擁有技術上的優勢以及良好的市場定位。儘管有些人說估值過高，但考慮到它在整個 AI 產業的擴展中處於領導地位，且沒有任何替代品可以擊敗 CUDA，我認為這樣的估值並不算太高。以 2024 年為基準，輝達的本益比（PER）為 45.6 倍。相比其他類似企業（台積電、博通、AMD、高通、德州儀器、Arm、美光科技、英特爾）的平均本益比 50.4 倍來看，輝達相對而言是被低估的。

企業名稱	2024 年 PER（預估值）
輝達	45.6
台積電	24.5
博通	34.1
AMD	44.9
高通	20.1
德州儀器	37.2
Arm	102.5
美光科技	110.9
英特爾	28.9
排除輝達後的平均市盈率	50.3875

Q｜對關注 AI 相關企業或輝達的投資者，你有什麼建議?

A｜未來一段時間，與輝達合作的企業很可能會在 AI 市場保持主導地位。科技企業必須持續適應技術變革，否則將被淘汰。

市場一直質疑輝達能否長期保持優勢。然而，輝達通過不斷創新和推出新的 GPU，展現了他們超越預期的策略能力。儘管短期可能會有波動，但輝達在 AI 領域的護城河仍在不斷加深，其市場領導地位應能持續。此外，AI 聯盟帶來的利益也可能會長期存在。

輝達未來會走向何方？

在美國和南韓，專家們對於輝達的展望大多非常正面。畢竟，股價在一年內上漲 3 倍、5 年內上漲 35 倍的公司，很少有人會對它做出負面預測。無論是華爾街的投資銀行還是小型投資顧問機構，情況都是如此。然而，即使輝達持續創下驚人的業績，盈利表現不斷超乎預期，但在股市上，投資於估值相當高的股票——即便是再優秀的公司——仍可能會遭受損失，這是股市中不變的法則。

本書探討了輝達這家企業以及投資該企業所需的資訊，但在何種股價買入輝達以及在何種股價賣出，完全是投資者個人的責任。希望本書的內容能對你的投資決策有所助益。

● 郭敏靜分析師畢業於梨花女子大學研究所和東京大學研究所,歷經韓亞證券、Eugene 證券、BNK 證券,目前在現代證券擔任小型股分析師。她是國際電子學會(Institute of Electrical and Electronics Engineers)和國際光學會(Optical Society of America)的會員,並在 2022 年獲得《Money Today》最佳報告獎,2022〜2023 年被選為《每日經濟新聞》最佳分析師。

輝達教會我們的事

我們應該如何看待輝達？這本書試圖為讀者提供兩種視角。

其一是運算發展的宏觀藍圖。人類能夠實現當今如此驚人的技術進步，背後的核心動力是運算能力的飛躍。第三次工業革命——即資訊化革命，是隨著半導體以及以此為基礎運行的電腦和軟體的出現而揭開序幕的。在這段期間，運算技術主要通過提高半導體的集成度來實現加速。然而，隨著人工神經網路的崛起，運算需求急劇增加，這一挑戰可以通過提升如輝達 GPU 這類處理器的性能來克服。

而輝達正在加速推動的，可謂是悄然而至的「第四次工業革命」。輝達創辦人兼執行長黃仁勳將這種新型運算模式稱為「加速運算」或「異構運算」。相較於傳統運算僅依賴單一 CPU，現代運算架構是在資料中心中，由 CPU、GPU 和 DPU 各司其職、協同工作，以實現最快速的運算。黃仁勳預見，隨著生成式

AI 的興起，對加速運算的需求將呈現爆炸性增長。為了應對這一挑戰，不僅半導體晶片的性能需要提升，包含伺服器的效能也需要全面提高，最終整個資料中心的綜合性能才能大幅躍進。現在，他正在將自己的遠見逐步轉化為現實。

如果讀者已經讀到這裡，想必已經了解，與其僅以晶片或顯示卡來定義輝達，將其稱為「資料中心企業」顯然更為貼切。在半導體性能逼近極限之際，輝達已著手布局下一世代的量子運算技術。從目前的發展態勢來看，輝達的前景仍然充滿潛力。人類科技的進步與運算技術的演進息息相關，而在當前引領運算技術革新的企業中，輝達無疑占據了舉足輕重的地位。

像是超級巨星般的企業家

從另一個角度來看，黃仁勳的故事堪稱現代版「美國夢」的典範。作為台灣移民，他白手起家，一步一步攀登至今日的高峰。身為亞裔，既非畢業於美國頂尖學府，即便創業之後，為了達到成功，又經歷過無數挫折；在半導體產業中，他的公司也長期處於邊緣地位。冷靜分析，輝達站上半導體產業中心舞台，其實不過是近五年的事。

歷經重重困難與逆境後，輝達曾一度創下全球企業市值第一的紀錄，而黃仁勳也躋身全球富豪的前 20 名。這不僅是個人的勝利，更是美國夢的最佳註腳——一個只有在美國才有可能實現的夢想。

黃仁勳不僅是代表美國的企業家，同時也是在故鄉台灣備受

愛戴的超級巨星。不僅半導體業界,整個科技產業都對他推崇備至。與特斯拉的執行長伊隆‧馬斯克或 Meta 執行長馬克‧祖克柏(Mark Zuckerberg)擁有廣大粉絲但同時也有諸多反對者不同,黃仁勳鮮少樹敵。這源於他兼具實力、謙遜和幽默感,以及平易近人的特質。

把握「知識的誠實」

最後,我思考了韓國企業可以從輝達學到什麼。如前所述,輝達是一家結合了東亞企業和矽谷企業優點的公司。自創業以來,30 多年間,他們僅進行過一次大規模裁員,並以危機處理而聞名。公司的座右銘是「我們離倒閉只剩 30 天」,藉此隨時準備應對緊急情況。

不輕易裁員的文化、危機處理和快速決策,確實與韓國企業有相似之處。目前,黃仁勳的兒子和女兒也在輝達工作。這兩位在外累積經驗的子女幾年前加入公司成為員工,雖然他們是否會接替黃仁勳經營輝達尚未確定,但這種做法也與東亞企業相似。那麼,像這樣與韓國企業相似的輝達,其決定性的不同之處又在哪裡?換言之,從矽谷帶來的部分是什麼?

黃仁勳經常提到「知識的誠實」(intellectual honesty),他所說的知識誠實是指追求真相、從錯誤中學習並分享所學。許多高階管理層在升到高位後,只聽自己想聽的話,並且經常排擠那些試圖揭露「真相」的幕僚。黃仁勳對這種文化高度警惕,並努力向每位員工平等地分享所有資訊,根據事實創造成果。誠實對

於管理者以及開發技術的工程師來說，都是極為重要的美德。在輝達，從領導階層到基層員工，這種文化自然地融入了每個人。

如果有讀者不是為了股票投資，而是想了解輝達這家企業和黃仁勳才閱讀這本書的話，希望你能記得「知識的誠實」這個詞彙。在矽谷採訪多家企業的我，認為這是最重要的美德，也是我經常感受到韓國企業亟需改進的部分。

撰寫這本書是一種為了保持「知識上的誠實」而進行的持續努力。我想對協助我保持這一點的編輯和出版社表達謝意。我本應投入更多時間來調查和學習有關輝達的內容，但事實上兼顧工作和寫作並不容易。我也感謝允許我投入大量時間寫作的妻子和兒子，還有給予我在矽谷工作機會的《每日經濟新聞》。

2024 年 7 月，於輝達誕生的矽谷
李德周

國家圖書館出版品預行編目資料

NVIDIA 輝達之道：第一本輝達詳解！從 AI 教父黃仁
勳的登頂之路，看全球科技投資前景 / 李德周著.
-- 初版. -- 臺北市：三采文化股份有限公司, 2024.12
(Trend ; 84)
譯自：엔비디아 웨이
ISBN 978-626-358-538-6（平裝）

1.CST: 黃仁勳 2.CST: 半導體工業 3.CST: 產業發展
4.CST: 趨勢研究

484.51   113015846

suncolor
三采文化

Trend 84

NVIDIA 輝達之道

第一本輝達詳解！從 AI 教父黃仁勳的登頂之路，看全球科技投資前景

作者｜李德周（이덕주）

編輯三部 副總編輯｜喬郁珊　責任編輯｜吳佳錡　選書編輯｜張凱鈞　協力編輯｜杜雅婷、楊皓
美術主編｜藍秀婷　封面設計｜李蕙雲　版權經理｜孔奕涵

發行人｜張輝明　總編輯長｜曾雅青　發行所｜三采文化股份有限公司
地址｜台北市內湖區瑞光路 513 巷 33 號 8 樓
傳訊｜ TEL：（02）8797-1234　FAX：（02）8797-1688　網址｜ www.suncolor.com.tw
郵政劃撥｜帳號：14319060　戶名：三采文化股份有限公司
本版發行｜ 2024 年 12 月 27 日　定價｜ NT$450

Original Title: 엔비디아 웨이
The NVIDIA Way by Deokjoo Lee
Copyright © 2024 Deokjoo Lee
All rights reserved.
Original Korean edition published by Gilbut Publishing Co., Ltd., Seoul, Korea
Traditional Chinese Translation Copyright © 2024 by Sun Color Culture Co., Ltd.
This Traditional Chinese Language edition is published by arrangement with Gilbut Publishing Co., Ltd. through MJ Agency

No part of this publication may be reproduced, stored in a retrieval system, or transmitted by any means, electronic, mechanical,
photocopying, recording or otherwise, without the prior permission of the copyright holder.